創見文化，智慧的銳眼
www.book4u.com.tw　www.silkbook.com

創見文化，智慧的銳眼
www.book4u.com.tw   www.silkbook.com

名人見證

全球第一管理大師，前通用（GE）集團CEO傑克•韋爾奇跟杜云生老師探討TSE管理哲學如何落實到企業的方法。

杜云安老師跟旅日巨星歐陽菲菲請教日本執行文化。

杜云安老師與東吳大學潘維大校長請教執行真諦。

杜云生老師實踐執行力的「鎖定目標，專注重複」長達18年的爭取世界第一商業談判大師——羅傑•道森課程的代理權，終於實現了。

杜云安老師與暢銷書《優勢執行力》作者羅傑•道森餐敘，探討美國執行文化。

廣東電視臺專訪杜云安老師，如何運用「TSE團隊執行系統」打造創富國際商學院。

紐約時報暢銷書冠軍作家——羅伯特•G•艾倫推薦杜云生老師的培訓課程。

杜老師的教育訓練課程非常棒，令我印象深刻！我真心推薦大家都應該去向他學習如何創造多元化收入的執行能力，成為行業頂尖人物！

羅伯特•G•艾倫來臺灣參觀創富杜云安老師的「TSE團隊執行系統」。

杜云生老師向世界上最偉大的業務員喬·吉拉德請教世界第一的銷售執行力,實踐最偉大的銷售執行力獲頒TOP.1證書。

歐陽龍議員讚賞杜云生老師的執行力培訓,來到杜老師的執行力課程成為最紅座上賓。

杜老師執行財商教育長達12年後,獲得《富爸爸·窮爸爸》作者羅伯特·清崎邀請同台演講財富執行力,二人結為好友,杜老師贈送羅伯特·清崎同款西裝,羅伯特·清崎贈送杜老師書籍並簽下見證。

杜云生老師向世界第一銷售訓練大師湯姆·霍普金斯請教,使用他的執行秘訣將《絕對成交》書籍及課程推向高峰。

杜云生老師赴日本培訓執行力,日本學員瘋狂報名參加創富教育課程。

杜云安老師與世界激勵大師無腿超人——約翰·庫迪斯學習逆轉人生的執行精神。

名人見證

杜云安老師與華為集團行政總裁姜曉梅探討企業執行。

杜云安老師與量子基金創辦人吉姆·羅傑斯研究趨勢金融大事

杜云安老師與潤泰集團總裁尹衍樑整合資源。

杜云安老師與金氏世紀紀錄銷售保持人喬·吉拉德請教銷售的真諦。

杜云安老師與前法國總理會面。

杜云安老師與行銷大師傑·亞伯拉罕合作千人大會。

德國總統沃爾夫與杜云安老師共同走訪TSE企業。

名人見證

杜云安老師與中國首善陳光標共同出席慈善捐款。

杜云安老師授聘擔任中國演說家協會-
創始副會長。

香港影帝任達華與杜云安老師合作成功。

杜云安老師與英國首相大衛卡梅倫結為朋友。

《全球富豪榜》胡潤與杜云安老師共同探討創富模式。

杜云安老師被世界第一演說教練——全球演說家協會主席吉姆卡斯譽為

【卓越演說 登峰造極】

杜云安老師會晤第44任美國總統巴拉克·歐巴馬。

創富夢工場®
FORTUNE DREAMWORKS
企業介紹

創富三大教育品牌分別為:
一、國際世界大師經典來華講座
二、企業內訓及顧問案
三、創富教育藉由一系列的線上及實體學習課程，結合杜云生老師百萬學員的資源多元化的發展，透過教育培訓、影視製作、書刊出版、網絡傳媒、餐飲會所......等產業來落實創富教育「幫助億萬人實現創富夢」的核心理念。

|師資陣容|

杜云生 老師

創富夢工場董事長
社會慈善家

　　他曾經被稱為全球最快速成功的天才演說家，也是創富夢工場書籍中的暢銷書作家，如"絕對成交"，"賺錢機器"，"無敵談判"等，更是一位倡導捐助社會的慈善家。

杜云安 老師

創富夢工場CEO
亞洲執行力權威

　　現任創富夢工場集團副總裁，多年在商管教育領域中取得了知名國際大師親自授證的１２項華文訓練師資格。全亞洲唯一有KPMG會計師輔導上市公司成功經驗的培訓公司創辦人。

許伯愷 老師

亞洲第一
潛能激發大師

　　當今國際上，繼卡內基、拿破崙·希爾、安東尼·羅斌之後的第四代潛能激發大師。潛心研究英、美、日本等世界大師潛能激發訓練的精華。融合頂尖企業的管理服務和行動力，將畢生所學整合成一套非常有效的訓練系統"引爆生命力"。

臧正民 老師

創富夢工場
營銷總經理

·溝通為王系列課程創辦人
·萬能收錢模式系列課程創辦人

·喬吉拉德銷售培訓學校總教練
·暢銷書《不這樣賣，會成功才怪》

銷售冠軍製造機 |5大銷售流程×7個增加黏著度心法×4大行銷策略|

- 你有多了解你的產品與服務?
- 這些跟你的成交紀錄有何關聯?
- 哪些客戶貢獻最高的收益流?
- 為了達標 你會聚焦在哪些事情上?
- 在生意交易之外 你如何跟你的客戶往來?

平平都是業務員,為什麼有些人年薪破千萬?有些人卻苦追業績?
你需要掌握鯨魚級客戶才能勝出。

卓越領導力 徹底提升團隊效率並建立領袖魅力

☑ 領導者必須有的**風範**

存在這件事情本身就充滿了威嚴感,
但這並非傲慢,反而必須讓行為舉止常保謙遜

☑ 領導者必須有**培育力**

栽培部屬具有獨當一面的能力,
使他們成為更有能力協助工作的得力夥伴

☑ 領導者必須擁有**信任感**

重要的是 讓公司內外人員都認為你是個
「只要跟隨著他,準沒錯」的領導者

☑ 領導者必須保有**平常心**

重要的是保有處變不驚,面對任何事都能
隨機應變的柔軟身段 並能冷靜行動

☑ 領導者不能欠缺**行動力**

要能以宏觀視野判斷事物 率先並迅速做出
明確的行動 成為組織的動力

商戰謀略 一堂關於終極賺錢模式的商業課程

- ☑ 如何進入趨勢行業
- ☑ 如何建立行銷通路
- ☑ 如何打造強勢品牌
- ☑ 如何搭建產業平台
- ☑ 如何進行股權融資
- ☑ 如何招商複製放大

| 完善的理論體系 | 落地的操作工具 | 一套屬於自己的營銷兵器譜 | 吸睛廣告文案 |

創富夢工場LINE@

優勢溝通 世界溝通談判大師羅傑・道森 畢生智慧盡在其中

- ☑ 如何運用語言及非語言決定溝通結果
- ☑ 利用「催眠式溝通」創造更高財富
- ☑ 如何利用「傾聽技巧」,在溝通時大有斬獲
- ☑ 如何利用「雙贏溝通」獲得更好的人脈與資源

未來

總裁

訓練營

誠徵

未來總裁
加入我們

幫助億萬人實現創富夢

❝ 你所謂的工作穩定，只不過是一直在工作，並沒有讓你自由。❞

無敵談判

談出你的商業帝國

世界第一商業談判大師　中國最權威的談判專家
羅傑‧道森、杜云生
—— 聯合編著 ——

創富夢工場總經理
杜云安
—— 總策劃 ——

Power Negotiation

傳承世界級的商業溝通與談判之道

　　你好，我是羅傑‧道森，從一名普通平民變成美國總統的顧問，美國《成功雜誌》譽我為「全美最佳商業談判師」！作為美國總統最重要的參謀之一，我也被認定是世界上最會談判的人，我的著作被譯為世界上三十八個國家的語言，甚至連耶魯大學也把我的著作指定為必讀的書。

　　為了世界正義，我曾經單槍匹馬遠赴國外，代表美國政府從獨裁者手中救回人質，從而聞名國際政壇；在我長達近十年的總統首席談判顧問的生涯中，我一直周旋於白宮、參議院、耶路撒冷等國際政治的漩渦中心，歷經九六年的美國總統大選、以巴和談、科索沃戰爭等一系列眾多著名的歷史事件。

　　為了建構商業系統，在我擔任加州最大的房地產公司總裁時，領導超過二千名員工，我建立了28家分公司，年營業額超過4.5億美元。唐納‧川普說我推進了美國的商業進程，改變了無數企業的命運，《富比士》（Forbes）雜誌稱我為「全美最佳商業談判教練」！

　　我相信行萬里路的力量，我二十歲起便開始環遊世界，我很快就走遍了113個國家，也訓練出了無數國際舞臺上優秀的溝通高手、談判專家、說服大師！

　　崛起的中國、崛起的華人，一定也同樣擁有幕後偉大的推動者，

我在考察中國商業進化的過程中，認識了一位教育從事者，他的名字叫做杜云生，他用了超過二十年以上的時間，為中國商業做出了巨大的貢獻！用激情與知識，付出了他的一生！

他深信溝通的力量、精通說服的策略、深諳談判之道，更善於用成交技巧創造他的商業王國，我身為全美最佳商業談判教練，白宮首席談判顧問，樂意推薦他並與他合著此書！杜老師告訴我，他的溝通談判能力，其實是來自於我的訓練，這也是我對商業談判深感自豪而樂此不疲的原因之一。

最重要的是杜云生老師樂於分享，他將他所學到的最寶貴的經驗，出版了著名的《絕對成交》、《絕對執行力》與本書《無敵談判》等訓練課程及書籍，每一本的每一章每一節及每一堂課程，都是極其用心，蔚為佳作經典，我知道中國有這樣的一位老師，將是華人之福！

我現在已經 76 歲了，為了傳承世界級智慧，我樂於與杜云生這樣的傑出講師合作，共同傳播世界級的商業溝通與談判之道，這也是華人之光，我認為杜云生老師絕對是世界級大師的接班人，期待與他的永續合作！

全球暢銷書《優勢執行力》《無敵談判》作者
全美最佳商業談判教練
白宮首席談判顧問

羅傑・道森

運用無敵談判，創造無限可能！

　　也許你是人才，但不一定有口才，也許你會銷售，但利潤來自於談判，談判是賺錢最快最輕鬆的方法，是人際關係的潤滑劑，是化解矛盾衝突的良藥。談判，說穿了就是善於溝通，將自己的需求明確表達，尋求解決之道，學會正確的談判，能讓人生更美好。

　　懂得談判是為了擁抱更美好的生活。談判能為你增加利潤，為你化解矛盾，為你贏得愛情，可以助你實現事業、愛情、人際關係的三豐收。談判就是把自己的思想放進別人的腦袋，把別人的錢放進自己的口袋。在任何的談判中，不是以殺個你死我活來斷定成敗，如何在談判後各取所需，爭取有利的籌碼，卻又能讓對方不失顏面，可以說是一門藝術。

　　也許有人會認為自己不是大老闆、不是採購人員，更不是外交政要，很少有機會使用到談判。其實我們使用到談判的機會比想像得還多，人一生至少需要經過上千次甚至上萬次的談判。因為生活離不開談判。你經常會需要使用到談判技巧，只是你沒發現，像是：父母與孩子之間的協議、買東西的討價還價、租屋時與房東的租金協議、與上司爭取「加薪」、要求升遷、生意人做買賣、所有商業上的合作或是訂立合約……等等都是談判。如果你能意識到自己處在談判的情境

中，你就能了解：學會更好的談判技巧能帶給你更好的生活品質。不會談判會有什麼損失呢？那麼你將失去了捍衛自己權益的能力！學會談判就等於擁有未來競爭力！

我從羅傑‧道森的課程中學到：談判是最快速賺取利潤的方法，而我在商場上也不斷地使用談判技巧，因為談判是最直接、最快速、最有效增加利潤或降低成本的辦法。對於一個企業來說，增加利潤一般有三種方法。一是增加營業額。但在市場競爭激烈的今日，增加營業額往往也會增加費用，比如員工工資、廣告費、業務員提成等等。可能企業的營業額增加很多，但扣除費用之後才發現，利潤並沒有增加多少。二是降低成本。但實際的狀況是，企業降低成本的空間是有限的，降到一定程度就沒法再降了；而且降低成本還有可能影響產品的品質，反而損害了公司的長遠利益。三是談判。通過談判，儘量以低價買進，高價賣出，一買一賣之間，一高一低之間，利潤就出來了。它是增加利潤最有效也是最快的辦法，因為談判所爭取到的每一分錢都是淨利潤，企業在採購時所節省的每一分錢也都是淨利潤。就如羅傑‧道森所說的，全世界賺錢最快的方法就是談判。談判所賺到每一分錢都是你的淨利潤，學會談判就會明白，你取勝的關鍵不是權力而是你的談判力。

學習談判、掌握談判、運用談判……本書透過大量淺顯易懂的例子，運用通俗的語言，深度剖析了談判，揭示了談判的規律，全面講解了談判技巧，並針對不同談判物件，制定了專門的談判方案，讓你在談判中實現你所想要的一切，到底要怎麼談，才能談出雙方滿意、

Power
Negotiation

點頭說好的結果？學習「分析雙方利益，達成雙贏協議的能力」，而讓對方也感覺到與你合作是最佳的選擇。

　　本書也是每一個渴望成功者必讀的寶典！你手上的這本書是由世界第一商業談判大師羅傑・道森和我所合著的，集結了我們數十年的成功談判經驗著述而成，書中結合中西兩方的觀點，有詳細的指導、生動而真實的案例、權威大師的實用的建議，教你學會如何正確的談判，獲得極高利潤，讓你和人談判不吃虧，是你創造合作共贏的法寶，成就事業的利器。

　　無論你的談判對手是房地產經紀人、汽車銷售商、保險經紀人，還是家人、朋友、生意夥伴、上司，你都能透過優勢談判技巧成功地贏得談判，並且贏得他們的好感，發揮自己的影響力。

中國最權威的談判專家

若您還想透過我更多教學來學習談判法則，請掃描右方 QR CODE 二維碼，我將會提供您多年來商場致勝的實戰方法，把它精心拍攝成了線上課程，並配有一個創富實體講座名額，一共價值 6000 元，全部免費送給您！

Preface /

跟世界第一合作，成功速度最快！

　　我在中國大陸跟台灣長期輔導企業中發現一個現象，大多數企業老闆整日只為維持企業基本運營而忙碌，卻因此失去了未來戰略發展及規劃！

　　如何利用有效的溝通談判與巨人合作？以下是一些驚人的事實：

　　阿里巴巴創業之初，有時候連薪水都無法按時發放的馬雲利用有效的談判，獲得了孫正義 2000 萬美金的投資！之後又獲得 YAHOO 十億美元的投資，如今的阿里巴巴已在中國電商領域處於近乎壟斷的地位！

　　郭台銘的鴻夏戀，透過商業談判併購了夏普，學習翻轉這個百年企業，透過這個談判過程，帶領一群年輕人、一個團隊登上國際舞台，企業內轉變體質，要把夏普變成 100 多個利潤中心，變成創業的環境，談出了自己的商業帝國。

　　萬達集團獲得了與世界第一超市沃爾瑪的戰略的合作，使得王健林身價暴漲，一舉成為中國首富，財富直逼華人首富李嘉誠。默默無名的小基金公司天弘基金，只是逮到了餘額寶這個大咖，一夜暴富，18 天吸納資金 66 億元，成為中國用戶數最大的貨幣基金！

　　談判是讓你獲得強大的戰略合作夥伴最快速的方式！你將因此迅速做大自己的業務，獲得巨大的客戶資源，佔領更廣闊的市佔率，最

終讓財富倍增！

　　你一定很好奇到底我為什麼要跟羅傑‧道森合作談判課程及出書？以下是《無敵談判》的一部分內容──

★ 揭露世界級的富豪是如何在一次談判中賺取 1 億美金的？（你如何才能用最短的時間達到這個水準？）

★ 如何在談判過程中讓對方感覺是他贏了，進而爽快地簽下你開出的條件？（即使你開出的這個條件賺了他一大筆錢！）

★ 當你作為一個賣家的時候，你的第一次報價應該如何進行才能確保你能夠獲得最多的利益？

★ 當你作為一個買家的時候，你應該如何應對賣家第一次「狡猾」的報價才能確保你能夠節省到最多錢？

★ 為什麼你絕對不能夠接受對方的第一個報價或者提案，即使對方說的非常合理並且讓你感覺到你已經賺大了！（當你這樣做時，你將能夠多騰出至少 30% 的利潤）

★ 為什麼你在談判過程中絕對不可以第一個報價，你應該在哪一個階段報價才能獲得最大的利潤？（如果你不小心先報價了，你還可以用一個誘人的策略把主控權轉而握在自己手中……這個策略幾乎被每一個精明的談判高手忽略了！）

★ 為什麼你完全沒有必要低聲下氣去討好投資人……在你很需要融資的時候？有三個關鍵會讓投資人（幾乎用求的）把你想要的資金給你，而且還不會占有你太多的股份！

★ 如果你的產品是從來不降價的，你應該如何做才能極大地減少對方和你討價還價，讓他用原價購買你的產品，而且還表現得很樂意？

★ 如何利用「黑白臉」策略把談判的成功率提升 75%！（大多數人所使用的黑白臉策略都是錯誤的……你將在課程現場知道這個策略的精髓）

以上只是羅傑‧道森幫助你產生巨大收益的無敵談判課程中的部分內容，我十年前曾上過他的談判課程，受惠良多。現在我想讓各位讀者也能因為接觸到此書而有所受益，如果你特別想快速實現你的盈利目標，賺大錢，就一定要掌握這本書中真知灼見的方法，並身體力行！最重要的是，你應該來上課！因為他現場分享給你的頂級談判策略跟案例，能夠讓你節省下數百萬甚至上千萬資金，「或」把之前 10 個不與你簽單的頑固客戶減少到 1 個，「或」一夜之間讓你企業的利潤提升 300%！羅傑‧道森今年 76 歲了，但只要在這世上一天，就是全地球上最會談判的人！

我為了要跟羅傑‧道森學習付出了高昂的學費，在美國羅傑‧道森一堂課一萬美金起跳，還不包括出國的差旅費。另外如果你不會英文的話那可能你還要另外請一個翻譯，這一切加起來可能會花掉你至少 45000 美金。即使羅傑‧道森來到亞洲授課，費用也會遠遠高於國內其他老師的課程費用，羅傑‧道森在中國大陸課程定價在 39800 人民幣！不過學員們所收穫的早已遠遠超過他們所付的學費了。

經過三年多的邀請，向美國寫了十一封邀請函；今年十月終於如願邀請羅傑‧道森本人到中國大陸及台灣分享《無敵談判》的秘訣！同時，創富夢工場集團代理其中文版權，幫助大家在當地城市也能學習到原汁原味的課程，讀到此書，只是你的上課教材，我們不會停止，直到你談出你的商業帝國！

機會就在 QR CODE 中

CONTENTS

第 **1** 章

談判的意義

第 **2** 章

如何做好優勢談判

第 **3** 章

決定談判成敗的要素

第 **4** 章

培養勝過對手的力量

第 **5** 章　無敵談判的戰術及原則

第 **6** 章　無敵談判技巧

第7章 熟悉多種談判風格

第8章 解密無敵談判高手

「談判並非特殊狀況下才使用,談判是一種生活方式,人每天都在對自己與他人做談判。」

「成功的談判是得到自己要的,而對方覺得贏了;雙贏才是談判的最高指導原則。」

「從別人那裡得到我們想要的東西的技能就是談判,透過談判能讓別人把你想要的東西給你。」

「談判是世界上賺錢最快的方法,因為經由談判而得來的每一分錢都是淨利潤。」

「學會更好的談判技巧來帶給你更好的生活品質。」

「無敵談判就是讓對方答應你所有的條件,而且他還覺得自己贏了。」

Power
Negotiation

第 **1** 章

談判的意義

1 什麼叫談判

多年來，我在全國巡迴演講，分享使人獲得財富自由的教育課程，包括「賺錢機器」、「絕對成交」、「公眾演說」等各種成功致富的課程。

但是有一個課程，是我多年來秘而不宣的課程，這門課程叫做「無敵談判」。什麼是「無敵談判」？我15年來研究全世界所有成功人士，從他們獲得成功的案例中，我發現他們都用了一項特殊的技能，而這項技能就叫做「談判」。

這項關鍵的談判技巧是一般人都不願意公開的，為什麼呢？因為它實在太重要又太真實地在現實生活中不斷發生。它涉及到你的成功、你的利益，關係到你的權利以及你的一切。

現在我在本書與大家分享的內容就叫做「無敵談判」。什麼是談判？成功靠談判。為什麼成功靠談判？什麼叫成功？成功就是我們獲得了我們想要的東西。你想知道什麼，你想得到更多的股份，想領取更多的薪水，得到更多的利潤，住更好的房子、開更好的車子，你想得到的愛情，得到更多人的支持，獲得更多的權利，這些如果你得到了，我們統統都可以稱為成功。

而事實上，這些你想要的東西都不在你身上，都在別人那裡，成

功就是讓別人支持我們，得到我們想要的東西。

　　這種讓別人支持我們，讓我們從別人那裡得到我們想要的東西的技能就是「談判」，透過「談判」能讓別人把你想要的東西給你。

　　很多人一聽到談判兩個字，馬上擺手搖頭地說：我沒辦法、我做不來、我用不上、我不喜歡……。其實我們可以把談判兩個字換別的說法，例如：對話、溝通、協商、選擇、交流、討論……。其實，談判與以上這些說法是相同的意思，只不過用詞不同。目的都是能讓你更有效率、更有邏輯地取得你想要的，又能與對方達成雙贏共識。

　　說服跟談判不一樣，說服是引導別人自願把東西給你，引導別人自願做出決定，自願說出：「是的」。一名銷售員在引導別人購買他的產品的時候，是在誘發對方的欲望上，讓對方主動掏錢購買，這就是說服。

　　但是談判跟說服不一樣，談判是一種權力的較量。不論你是否願意都要說是，也就是說，你今天必須要買我的東西，除了我有，別家沒有，即使我的價格貴一點你也必須要買，不管你是否願意都必須說是。

　　這種談判能力是最頂級的說服技巧，是最頂級的領導技巧，是最頂級的溝通技巧。

Power
Negotiation

2 做生意每天都在談判

做銷售一定要懂說話技巧，理解銷售溝通對業績達成的重要性，唯有提升自己的溝通和談判能力，才能進一步讓業績成長。學會優勢的談判技巧，有效運用各種溝通技巧和談判策略，在銷售談判進程中取得主導權，就能提升業務成交力。

法律系學生上的第一堂課裡，教授告訴他們：「當你盤問證人時，不要問事先你不知道答案的問題。」因為辯護律師如果不事先知道答案就盤問證人，會給自己帶來很多麻煩。

相同的忠告也可以用在銷售上，同樣的情形也會發生在你身上。

絕對不要問只有「是」與「否」兩個答案的封閉式問題，除非你十分肯定對方會給你的答案是：「是」。例如，我不會問客戶：「你想買雙門轎車嗎？」我會說：「你想要雙門的還是四門轎車？」

如果你用後面這種二選一的問題，你的客戶就無法拒絕你。相反地，如果你用前面的問法，客戶很可能會對你說：「我沒有要買。」

下面列舉出幾個二選一的問題：

「你比較喜歡 3 月 5 日還是 3 月 15 日交貨？」

「發票要寄給你還是你的會計？」

「你要用信用卡還是現金付款」

「你要紅色還是藍色的汽車？」

「你要用海運還是空運的？」

你可以看見，在上述問題中，無論客戶選擇哪個答案，業務員都可以順利做成一筆生意。你可以站在客戶的立場來想這些問題。如果你告訴業務員你想要藍色的車子，你會開票付款；你說希望 3 月 5 日能送貨到你家……之後，你就很難開口說：「噢，我沒說我今天就要買。我得考慮一下。」

因為一旦你回答了上面的問題，就表示你真的要買。就像辯護律師問：「你已經停止打老婆了嗎？」這問題帶有明顯的假設（請注意，這問題不是：「你有沒有打老婆？」）。嫌犯不管回答「是」還是「不是」，都等於自動認罪，默認了曾經打過老婆。

掌握談判技巧，對你的銷售也很有幫助。舉例來說，當你向多人推銷時，如果能多問一些需要客戶同意的問題，將會特別有效。當我看到爸爸媽媽帶著三位小孩來看新車時，我會問那位太太：「車內中控鎖是不是最適合你家？」她通常會同意我的看法。

接著我會繼續說：「我打賭你也喜歡休旅車。」因為他們是個大家庭，我知道他們只能考慮休旅車。她會說：「哦，是的，我想看看休旅車。」在得到他太太一連串肯定回答之後，這位先生猜想他太太有意買車，因為她對我的看法一直表示贊同。

正因如此，到了要成交的時候，我已經排除先生得徵求太太意見的這項因素。然後，我會說服他答應，再加上他們彼此都認為對方想買這輛車，沒有必要再召開家庭會議討論，我也得到這張訂單了。

當你推銷給兩個以上的客戶或一群生意人時，這一招特別管用。先說服有支配權的那個人，是非常有效的方法——如此一來，其他人也會跟著點頭同意。

自然地，我要建議你在決定誰是這群人的龍頭老大之前，應該掂掂每個人的斤兩。通常，他是唯一一個你不需要說服、交涉的人，這就是談判技巧在銷售方面的應用。

當客戶要講價，你只能選擇讓步嗎？與客戶發生分歧，你只能選擇妥協？你知道很多業務員因為不懂談判技巧錯失了多少客戶嗎？損失了多少業績嗎？你還要因為不懂談判技巧每次即使成交了也只能獲得很微薄的利潤嗎？銷售談判技巧是業務員必備的核心能力，許多業務人員把「談判」定位成緊張對立的買賣關係，以至於在議價或協商的過程得不到預期的結果。其實談判，說穿了就是善於溝通，將自身需求明確表達，尋求解決之道，只要學會正確的談判，掌握相關溝通技巧，與客戶的心理需求，就能快速促成優勢談判與成交了。

3 利潤來自談判

也許你會銷售，但利潤來自談判。如果你是公司老闆，總經理或是資深業務人員，應該最能體會我這麼說的涵義。在交易中，每一次成功的談判，能夠帶來的短期利潤或長期利益，對整體業績的成長或企業版圖的拓展都有深遠的影響，懂得談判能讓你更容易走上創富之路。

我舉一個例子。例如房屋買賣、租賃，有人是買方，有人是賣方，有人是出租方，有人是承租方，這個時候就需要談判了。只要你懂得運用談判掌握談判技巧，就可以用更便宜的價格買到理想的房子，租到更划算的房子。利潤也靠談判，也許你會銷售，很會賣東西，但利潤來自談判。

為什麼這樣說呢？因為銷售只會產生業績，但是銷售不一定會產生利潤。我舉一個例子：很多老闆都曾這樣抱怨過：一筆生意做下來，雖然創造 500 萬元的營業收入，卻沒有多少淨利潤，可能 500 萬元的淨利潤只剩下 10 萬元、8 萬元。因為銷售只會產生業績，利潤來自談判。

什麼意思呢？利潤來自一買一賣之間。怎麼買賣才能產生利潤呢？低價買進，高價賣出。只要買進的時候價格夠低，利潤就出來了，

或是賣出的時候價格夠高，利潤也出來了，一買一賣，低買高賣中間產生的就是利潤。但是，很多生意人只知道把營業額做大，殊不知一年生意做下來沒有什麼利潤，甚至有一些老闆一年做幾億元的業績，只剩下十幾萬元的利潤。

為什麼呢？明明是有機會低買高賣的時候，他卻高買低賣了。很多老闆都知道「要低買高賣」的道理，但是為什麼結果是高價買進，低價賣出呢？當你是買方的時候，你想低價買進，但是別忘記，你面前有一個賣方，賣方希望高價賣出。當你是賣方的時候，你希望高價賣出，別忘記，你面前有一個買方，他想要低價買進。

買家永遠想低價買進，賣家希望高價賣出，買賣的時候，買賣雙方永遠有爭執，始終是衝突的、對立的，其根源就是價格問題。

所有的商業談判到最後，最難過的一關就是最終的價格。所以，有的老闆會妥協、會讓步，認為只要能賣出東西就好了，但我認為，除了產品能順利售出之外，還要能夠賣到理想的價格。而這就要靠談判了。

採購的時候，如果你一年採購預算有 500 萬元，你比較會談判，能談到降低 5%，就是 25 萬元；銷售的時候，如果你比較會談判，一年銷售 500 萬元，你維持住 5%，沒有亂降價，可能是 25 萬元。一買一賣就是 50 萬元，這就是談判產生的利潤。就是羅傑・道森所說的：談判是世界上賺大錢最快的方法，因為得到的每一分錢都是淨利潤。

有一次我人在上海，安排一個部門主管去北京幫我處理租房子的事。北京的房東說一天 3.5 元／平方米，他幫我講價講到 3 元／平方

米，他說已經是最低價了，是否可以簽約。我說不行，繼續談。他花兩三天時間談不下來。其實我認為一天 3 元／平方米可以簽下來，但我想我特意派我的主管跟他談了兩三天，不能白談，我認為在最後簽約前，一定要再努力一次。所以，我就親自從上海飛到了北京當面和房東談。跟這個房東見面的時候，我花了兩個多小時的時間，在我軟磨硬泡，使出渾身解數之下，終於讓對方降了人民幣 5 毛錢。0.5 元並不是一個小數字，表面看起來是 5 毛錢，但我租的是 600 平方米的房子，很多人笑我為了 5 毛錢飛過去談兩小時，不符合經濟效益。但真的是這樣子嗎？

請試想一下，5 毛錢乘以 600 平方米就是 300 元一天，乘以 30 天一個月就是 9000 元，一年 12 個月就是 10.8 萬元，我跟他簽 5 年的合約，各位讀者仔細算一下，10.8 萬元乘以 5 年就是 54 萬元，這一場和房東的談判我的淨利潤是 54 萬元。假如我平時的工作兩小時賺不到 54 萬元，我每小時的薪水如果是小於 27 萬元，我用兩小時談這場房租協議，是否值得呢？當然值得，為什麼？因為所得到的 54 萬元是淨利潤，本來這 54 萬元租金要放進房東口袋裡的，但是透過兩小時談判，放進我的口袋了。所以大家記住，談判是世界上賺錢最快的方法，因為經由談判而節省下的成本或金錢就是淨利潤。

通用電氣（奇異，GE）是世界上最大的電器和電子設備製造公司，它有一個總經理，上任一年什麼都沒有做，只做了一件事，就是創造了 21 億美元的淨利潤。有個董事會的成員看帳目發現，公司的營業收入並沒有成長，一整年的營業收入沒有增加，一整年的生產成本沒有

降低，但是淨利潤卻成長了 21 億美元。於是，董事會請他來說明一下是什麼狀況。他問：「總經理，你沒有增加營業收入，跟去年差不多，生產成本也和去年差不多，並沒有降低多少，淨利潤卻成長了，我們還沒有來得及看細帳，請問這是怎麼回事呢？」

總經理說：「這一年我什麼都沒有做，只是把所有供應商的合約拿出來重新談，就是對習以為常談判的價格重新談判，一支筆本來 1 毛錢降低到 9 分錢，桌子 100 美元降到 90 美元，房租 200 美元降低到 195 美元，買水的錢降低 1%，把所有合約拿出來，一家一家重新談，一家家削減出來，透過談判省下來的錢加起來是 21 億美元的利潤。」也就是說本來付出的費用是這麼多，但是透過談判就節省了不少花費。筆沒有少買，水沒有少買，辦公傢俱沒有變少，在什麼都沒有變少的情況下，支付給別人的錢卻少了 21 億美元，本來在別人口袋的 21 億美元，透過談判轉移到自己的口袋裡面來了，這就是談判，世界上賺錢最快的方法。

一般來說，提升淨利潤只有三個方法可以達到：增加收入、降低成本和談判。

第一個方法就是增加收入，增加收入就是提升營業額，但是這不一定可以增加多少淨利潤，因為增加收入的同時，連帶地廣告費用和人力費用、開發市場費用和行銷費用，還有產品成本也會隨之增加，所以多賣出，未必能相對賺到更多淨利潤。

所以有些人採取降低成本的方法。降低生產成本也不是最好的方法，因為如果降低成本會連帶導致品質降低的話，短期而言利潤是成

長了，長期來看是得不償失。我有一個朋友是做化妝品生意的，人民幣 150 元成本一瓶的化妝品，他降低成本到 100 元，他說降低到 100 元，利潤空間比原來更高了。一開始他很高興利潤真的有成長了，但半年後他發現不太對勁，我問他怎麼了，他說雖然我把成本降價了三分之一，但是化妝品的銷售量卻短少了二分之一，因為原來客戶在發現產品品質沒有之前好，就不再續購了。換句話說，他雖然降低了生產成本，這樣犧牲品質所擠出來的利潤空間可能在短期有效，但長期而言反而會讓顧客對廠家失去信心。

提升淨利潤最好的方法不是用增加收入，不是降低成本，而是透過談判，把對手口袋裡的錢放進我們的口袋裡來。

4 生活離不開談判

有一次，我邀請一群臺灣的專家到北京講課，我訂了一家餐廳請他們吃飯。我們點了一桌招牌菜、特色菜，因為都想嚐一嚐，菜式很多樣，菜還沒上齊，我們才發現好像點太多了，心裡想說慢慢吃就好，也能多和臺灣的專家交流交流。吃到一半發生了突發事件，隔壁桌有人酒喝多了在鬧事，本以為隔壁鬧事與我們無關，但沒想到竟然有被打碎的啤酒瓶碎片噴到我們這桌來了，幸好我們這桌的人反應快馬上站起來躲避到角落去，才沒有被波及到。

事故一發生，馬上有服務員跑過來致歉：「先生，真是不好意思，我帶你們到樓上另開一間包廂。」我們到樓上坐下來，服務員隨即就將我們原來點的菜也移了上來。但我的心情還是受影響了，為什麼這種不好的事情會發生在我身上呢？我宴請客人，正在談生意，談得正融洽卻被擾了興致，發生這樣的事情，我感覺這是餐廳很大的疏忽，餐廳一定要負責任。但是如果我直接要求他負責任，他們一定會討價還價，這個時候就需要運用談判技巧。所以，就在他們把樓下還沒有吃完的菜端上來時，我對服務員說，突然發生這樣的事情讓我們沒有心情用餐了，我們決定去別家吃，所以，這桌菜不用再送上來了。服務員一臉抱歉地說：「先生，實在對不起，我們也不願意發生這樣的

事情，請您原諒我們，給我們一個機會。」我提出希望他們賠償的要求。服務員無奈地表示他沒有這個權限，於是，我讓他去請經理過來。

其實我內心是真的要他賠償嗎？不是的，但是這是談判技巧。這家餐廳的經理過來後，很禮貌、很客氣地問：「請問我能幫您什麼嗎？」

我說：「剛剛樓下有人鬧事，啤酒瓶的玻璃碎片還噴到我們這桌來，我們正在談生意，被這麼一嚇，大家也沒了興致，造成很大的精神損失，請你們賠償。」

經理說：「很抱歉讓你們受驚了，先生，這樣好了，請原諒我們這一次，下次絕對不會發生這樣的事情了。」

我說：「怎麼原諒？」

經理立即堆滿笑臉地說：「這一餐免費招待，再送一張七折的打折卡，下一次來本店消費就能享有七折優惠，您看這樣行嗎？」

我對經理說：「看在你態度這麼好，那就原諒你吧！」

經理立即誠懇地感謝我原諒他，我們也很開心，因為這一餐雖然沒有多少錢，但是免費。

我並不是說我占了多少便宜很開心，重點是如果我一開始就對他說要給我免單，他最多說可以打七折；如果讓他負責任的話，他可能最多是送一盤水果。所以各位讀者，我運用一些談判技巧在裡面，讓我得到最多的利潤，因為那一餐我們將要付給餐廳老闆的錢，透過談判轉移到我們這裡來，而餐廳本來賺到的錢，因為經理不會談判，所以他損失了錢。你說是不是生活中處處都在談判呢？

Power
Negotiation

買東西是談判，賣東西也是在談判，你銷售的數量再多也不一定有利潤，除非你會談判，在賣出的時候維持住你的理想價格，買進的時候懂得用更低的價格買進。

我想每個人身邊一定曾發生過或遇過租房子或是賣房子的經驗，這時房屋仲介員在中間扮演的角色是什麼？他在買方客戶面前，內心自然是希望買方能出更高的價格，在賣方客戶面前則是希望賣方可以再降價。只有房仲員把買方和賣方兩個人的價格拉到一個平衡點的時候，雙方才有可能成交，而他才有佣金可以拿，也才會有業績。

教我這套談判技巧的是羅傑·道森，他是美國加州是最大房地產仲介商，旗下有 2000 名仲介員，天天在買方和賣方之間談判。他也是美國前總統克林頓的談判顧問。他的這套商業談判技巧可以協助大家在賣出的時候以更高價賣出，在買進的時候以更低價買進。

舉例來說，房仲員會對屋主說這房子屋齡太高了，不好賣，建議他把價格降低一點；這個房子位置太偏僻了，很少有人有興趣，請你把價格降低一點；這房子的生活機能不太好，條件不太好，請你再把價格降低一點。轉過頭來，他對買方客戶說，這個房子不好買，因為它風水好、地理條件佳、交通便利，當初這屋主買的價格就挺高的，所以必須要出更高的價格才可能買到。

只有把兩方的價格拉到中間點，分別探出兩方可以接受的底價，才可能成交，他才有利潤。精明的談判高手在這一門課程當中不會讓對方覺得他輸了，談判高手會讓對方覺得他贏了，他佔便宜了，而且自己也得到利潤，這就叫做雙贏談判。

　　一般人以為，談判要雙贏，應該要公平才是叫雙贏，事實上未必是如此。一個柳丁要怎麼分，你大片還是你小片，是不是覺得對分才是公平，才能皆大歡喜呢？但最後你才發現，原來甲是需要柳丁的果肉榨成果汁，乙需要的是柳橙的果皮來敷臉，你給他們各半的柳橙，他們也不會開心，你要讓他們各取所需，這才是真正的雙贏。但是現實生活中很少有這樣的事情發生，你要的是果肉，我要的也是果肉，到底誰大誰小，如果一半一半，也覺得不公平，因為我付出比較多，憑什麼讓你拿一半，這個時候就要靠談判了。談完讓自己得到最大份的，同時還要讓對方覺得他贏了，這就是談判的藝術。

　　這個輸贏不是價錢問題，不是金額問題，不是利潤問題，是一種感覺問題。如果你能創造對方贏了的感覺，而且自己還贏得了真正的利潤，也就是說你贏了利益，對方贏了面子。

　　不管你是否理解，本書將教會你這一套規則，教你適用的方法。

　　世界是大事小事全要談判，國家大事要談判，事實上，每一個人，無論是平凡上班族、企業老闆或家庭主婦，不論是在工作或生活上都無時無刻不在談判，只不過你從來不知道。家庭之間也要談判，夫妻之間有時候也需要談判，兒女之間也需要談判，父子之間也需要談判，同事之間也要談判。如果你會談判就能化解很多問題、矛盾與衝突，可以解決生活中很多事情。如果你是個上班族，在求職面試時運用談判，能成功與未來雇主談出理想薪資。

　　舉例來說，小到買一根蔥、坐計程車，你都會遇到談判。坐計程車多少錢到某某地方，司機說照表計價，你說不行，必須打八折，但

司機不同意,這個時候怎麼辦?這個時候你可以說你坐別的車好了,他反而會反過來說好吧好吧,你回來。」前後不花 30 秒時間,他讓了 2 折,8 折成交。30 秒時間,我得到的淨利潤是多少呢?如果我坐這趟車是人民幣 50 元的話,我省下 10 塊錢,一年我叫計程車搭乘這樣的車程 50 次,就是 500 元人民幣,每一次多花 30 秒時間就可以省下這筆錢,這還是小的。

　　大的呢?大的是如國家與國家的商業往來,貿易往來,用談判可以為國家爭取到最大利益;國家與國家的衝突,用談判可以化解,甚至,我們在員警跟搶匪的槍戰片中可以看到,挾持人質的時候靠談判才可以救出應該救的人質,否則會爆發更多的危機。

5 談判需要技巧

《聖經》裡面有一則故事，也是跟談判有關的，就是亞伯拉罕和耶和華的故事。

這是一段亞伯拉罕和耶和華談判的過程。耶和華因為「所多瑪」城罪惡深重，想要毀滅這個城。亞伯拉罕為了此事與耶和華討論，而且是討論多達六次，為的是希望上帝減輕對該城的懲罰，因為亞伯拉罕覺得這個城裡面也有好人，不能因此而被濫殺。

亞伯拉罕為所多瑪的人向耶和求情。他問耶和華：

「假若那城裡有五十個好人，您還要剿滅掉整個城嗎？您是否願意放過他們？難道就不能為城裡這五十名好人，饒恕其他的人嗎？如果您把所有人滅了，把好人和壞人一起滅了，將好人與惡人一樣看待，這不是您會做的行為，這樣做合於公義嗎？」

耶和華說：「如果在所多瑪城裡有五十名好人，我可以因為他們，饒恕那個地方的眾人。」

亞伯拉罕接著又說：「假若這五十名好人少了五個，您會因為少了五名好人而要毀滅全城嗎？」

耶和華說：「若有四十五名好人，那就不毀滅那座城。」

亞伯拉罕又對他說：「假若那城裡只有四十名好人呢？」

耶和華說：「那因為有這四十好人的緣故，我可以不毀滅這座城。」

亞伯拉罕說：「求您不要動怒，請容我說。那如果那裡只有三十名好人呢？您會怎麼做呢？」

耶和華說：「在那裡若有三十名好人，就不毀滅那座城。」

亞伯拉罕說：「假若在那裡只有二十名好人呢？」

耶和華說：「因為有這二十名好人的緣故，我也不毀滅那城。」

亞伯拉罕說：「求您不要動怒，再聽我說，假若在那裡只找到十名好人呢？」

耶和華說：「為了這十名好人，我也不毀滅那座城。」說完祂就走了。

亞伯拉罕是如何阻止耶和華去滅掉那座城裡的所有人，是怎麼救的呢？就是靠談判。亞伯拉罕為什麼能夠談成功？因為他緊緊扣住一點：若將好人與惡人一同毀滅，把好人和壞人全部殺死是不對，是不公義的，他知道神深愛世人，而這肯定非神所願為。他抓住這個道理，用這一點卡住了耶和華，使得祂不得不讓步。

什麼叫做談判？談判就是抓住一個支撐點，抓住一個理，讓對方的讓步。在以上的談判中，耶和華從 50 人談到 40 談到 30，談到 20 再談到 10，這是一個經典的談判案例，這個故事的結局是什麼呢？後來還是沒能在所多瑪找到十個好人，因為這個城裡壞人太多了，最終這個城被滅了。但亞伯拉罕和神談判的故事還是很有參考價值。

耶和華也是談判高手，祂怎麼談的呢？祂並沒有說，十名好人和所有人不該全死的，好吧，我不滅了，我走了。耶穌永遠用一句話做

妥協，就是「如果」，如果你可以找到二十名好人就放了大家，如果你找到十名好人就放了大家。「如果」讓事情有了餘地，如果對方找不出十名好人來，他有權力消滅所有人，而他並沒有無條件地說對方有道理，把好人和壞人一起殺不對的，就放棄了，他並沒有這樣做妥協，而是用了一句「如果」，這就是談判。

決不妥協，除非交換，拿出交換條件，你來我往的協商過程就是談判。

再與大家分享第二個故事，讓大家更清楚什麼是談判。

耶穌有一次路過一條市街，看到一群村民圍著一位婦女，大家指手畫腳地要打死這名婦女。耶穌深愛世人，想要解救這名婦女，於是上前詢問發生了什麼事情。所有人看到耶穌過來，就對耶穌說：「這名婦人是正行淫之時被抓的。摩西在律法上吩咐我們，要把這樣的婦人用石頭打死。你說該把她怎麼樣呢？」他們說這話，是要試探耶穌，好抓到他的把柄，於是就想讓耶穌評價打死這個婦女對不對。

耶穌這時蹲了下來，一言不發地拿一根樹枝在地上畫一些大家看不懂的圖。所有人看到耶穌這個舉動，馬上安靜了下來，紛紛探頭探腦地研究耶穌在畫什麼。他畫的東西一般人實在看不懂，在場所有人十分不解，到底耶穌想說什麼。

隔了很長一段時間，耶穌終於直起腰站起來了，對他們說：「好吧，既然戒律上規定，她對丈夫不忠，應該打死她，現在我承認她的確該死，那麼你們之中有誰是從沒犯過錯的，那個人就可以開始處罰她，拿石頭砸她了。」

最後一句話很重要：「你們之中有誰是從沒犯過錯的，那個人就可以開始處罰她，拿石頭砸她了。」

所有村民聽完之後，一片啞口無言，紛紛放下手中的石頭轉身離開了。

所有人走光之後，耶穌到籠子裡面把婦女放出來，擁抱著這名女士說：「沒事了，從此不要再犯罪了。」

耶穌問他們憑什麼殺人，這群人說，戒律裡面說婦女應該遵守婦道，不應該對丈夫不忠貞。耶穌說對。如果婦女不忠貞，是不是根據戒律，應該打死她呢？戒律裡的確有這一條，耶穌一時也無話可說。這個時候所有人嚷嚷著要打死婦女，逼耶穌做個評判。耶穌要如何做才能在處於弱勢的狀況下，還能談判成功，解救婦女呢？

這一場談判，耶穌是如何取得勝利的呢？

在說話者情緒高漲的時候，耶穌知道他們在為難自己，所以祂不能在這裡中計，不可以盛怒，也不可以違背戒律上的規定，說不該打她，於是祂把想救這名婦女的想法先隱藏起來。這裡我們猜測祂一時之間還沒有想到很好的談判立足點，所以祂暫時蹲下來。第一可以爭取時間，讓自己有時間思考對策；第二，轉移注意力，讓現場的民眾大家冷靜下來。當他們望著耶穌畫在地上的字發呆時，他們的情緒也冷下來了，這樣耶穌才能再往下講，否則鬧哄哄的，祂怎麼對群眾進行說服？這個藉轉移注意力以安撫情緒的方法，其實我們也可以運用。

祂想了半天，畫了半天，可能並不是真的要畫什麼東西，但他終於想出方法來，問了大家一句話：「你們當中誰沒犯過錯的可以開始

打她了。」

　　耶穌的意思就是誰都犯過錯，所以應該被原諒，因為不是每個人犯錯都被懲罰的，雖然法律很嚴格，但是每一個人都犯過錯，假如你曾經被原諒過，你今天也應該原諒一下別人，假如要打死她，你也應該把自己的錯誤找出來，接受嚴酷的懲罰。

　　所以，你可以運用談判技巧解除你和股東之間的任何矛盾，你和顧客之間的問題，你和買方、賣方之間的糾紛，你和任何生意上、夥伴上、勞資之間的問題，而且得到你所想得到的一切，讓別人說YES，你得到了利益，別人還很願意跟你合作，這種合作的能力都要靠談判。

「羅傑道森培訓機構」在亞洲正式成立，
創富國際總代理。

「沒有人是天生的談判高手，談判的技巧是透過學習而來。」

「知識就是力量，你收集到愈多有關對方的知識，獲勝的機率就愈高。」

「談判中壓力是雙方的，不用感到自己處於劣勢。」

「某些沒有權力的人也能在某些情境下擁有凌駕於你之上的力量。」

「找能夠決定的人談判，找能讓步的人談判。」

「把所有的壓力放在別人的身上，讓自己保持優勢及選擇權；有選擇權會讓自己保持力量。」

Power
Negotiation

第 **2** 章

如何做好優勢談判

1 談判前的準備

工作中發生的大多數事情，都具有可預見性，幾個月以前便可做好準備。然而，許多情況下，不到最後，我們是不會為談判做準備的，儘管談判結果在以後的好幾年內都發揮作用。

談判的能力是可以培養的，談判的人才也是可以塑造。

追本溯源，談判的成功，要從談判前做起。任何事情都有前因後果，在表象後面都有深層的原因，所以在進行對問題本身的談判之前，應該充分瞭解與這個問題有關的背景資料，以便做出全面而準確的分析。

美國著名企業通用電氣公司（General Electric Company，簡稱GE，又稱為奇異公司）在處理與工會方面的勞務問題時就十分注意談判前的準備工作。公司首先將工人過去抗議的原因、性質、形態、次數等資料都輸入電腦中，然後由專家逐一分析，再會同公司高層研究，提出解決問題的方案，最後才派出代表進行談判。

不打沒有準備的仗，談判者除了要靈活運用各種技巧，按事前的計畫行事外，還必須預測談判的結果，準備善後的解決方案。對於大型談判而言，設定談判目標，安排進行談判的人選，確定談判主題，收集相關事實與情報，分析重要論題與各自立場等，都是談判前必要的準備工作。

　　談判前，要對對方的情況進行充分的調查與瞭解，你可以透過 SWOT 來分析他們的強弱項，分析哪些問題是可以談的，哪些問題是沒有商量餘地的；還要分析對於對方來說，什麼問題是重要的，以及這筆生意對於對方重要到什麼程度等等。同時也要分析我們自己這一方的情況。

　　因此，在談判日期來臨之際，應該高度重視準備工作。

　　以下十個問題有助於你做好準備，請仔細思考，並做好記錄。

1 你的目標是什麼？

　　希望達成什麼結果？談判的目的何在？不要期望太低，也不要期望過高，也不應超過權力範圍。什麼樣的原則或客觀標準會讓你的期望變成現實，讓你的談判更具有說服力？

2 除了首要目標外，還想要些什麼？

　　你的第二或第三重要目標是什麼？想一想，並寫下來。

3 如何把蛋糕做大？

　　看看前兩個問題的答案，你將如何擴大成功？如何擴大利益，並重新分配利益？列出一個清單，找出辦法。

4 如果你需要退出又會怎麼樣？

　　做出撤退的選擇，其原因何在？這樣做要多加思考，以確信有沒

有必要撤退。只要可能,在幾個月前就應做好準備。

⑤ 瞭解對方嗎?

你瞭解對方什麼?他們最可能的目標是什麼?他們的優勢何在?他們的真實意圖是什麼?針對他們的想法、目的,你所做的最充分的評估是什麼?如何對待他人和自己的勝利?

⑥ 雙方的談判風格是什麼?

談判對手是誰?在談判桌上,他們會表現出什麼樣的風格、個性?該如何應對他們?誰最能代表你的利益?你自己,律師或顧問,還是團體?團體各成員間的談判風格是否和諧,各成員如何?

⑦ 談判的權威性體現在哪裡?

談判中,你認為誰最有權威?為什麼?如果情況對你不利,什麼資訊將幫你改變主意?對方是否有結束整個談判的威力?

⑧ 你最期望有什麼樣的成果?

你最期望的成果是什麼?最壞的結果是什麼?一般的結局是什麼?

⑨ 對方最期望得到的結果是什麼?

你認為對方期望的最好、最壞和一般的結果是什麼?

⑩ 如何談判？何處談判？何時談判？

　　你應預先設想好談判程序、流程是什麼？什麼時候開始最好？什麼地方舉行談判最合適？

　　總之，不少國際商務談判因缺乏做好談判前的準備而失敗。但是只要透過培養傾聽和提問的能力，再有效掌握上述的技巧，就可以在談判中掌握主導權，取得令人滿意的結果。

2 引導對方走上談判桌

什麼叫優勢談判的驅動力呢？這麼多年來，我閱讀過全世界所有關於談判的書籍。我發現，國外的談判書籍，非常棒，非常好。我吸收每一家的長處，但是我發現，他們有一些缺陷，什麼缺陷呢？他們直接教你談判的原則、攻防的策略以及如何得到最大利益的談判技巧。但是，在現實生活中，很多學員都會來問我很多問題，學員中有不少是老闆等級的，這些老闆普遍都曾困擾地對我說：「我的合作夥伴是大廠家，我只是當地的小經銷商，我現在針對這個供貨條件問題想跟大廠談，但是我所學的種種方法技巧卻使不出來，因為對方根本就不跟我談。」

他們反應說對方根本不談，那該怎麼辦？對方不上談判桌，你一點方法都用不上，因為使不出來，英雄無用武之地。

最近在談判課程上，有一名學員發問：「杜老師，對方販賣給我的是假貨，導致我賣給別人也是假貨，我的商譽被破壞得一塌糊塗。賠錢事小，商譽事大，現在我找上賣我假貨的人，希望他賠錢。我打電話跟他交涉，對方接了電話，叫我過兩天找誰誰，過兩天找誰誰，或是讓我去找供應商⋯⋯他連談都不談，這樣要如何條件交換，如何要求索賠？」

　　對方不上談判桌，你怎麼辦？這是目前世界上大部分國外談判課程、談判書籍、談判大師不會教的，我常常說「青出於藍勝於藍」，「冰出於水而寒於水」，冰是水變成的，但寒於水，青出於藍就勝於藍。我是世界大師教出來的學生，但我學的東西，倒過來勝過大師的東西，這一次我要教大家什麼呢？就是談判當中的第一步──怎麼讓對方上談判桌。對方不上桌跟你談，令你無計可施，什麼方法都用不上，這時該怎麼做呢？

　　為了讓大家更好地掌握優勢談判的驅動力，請大家畫一個圖一個大圈 A、一個小圈 B，你可以看到 A 非常大，B 非常小，假設 A 實力大，B 實力小，A 資源龐大，B 資源弱小，A 籌碼比 B 籌碼多。

　　你認為，如果你是 B，他是 A，他需要跟你談嗎？不需要，我決定要給你多少工資就是多少工資，因為我是世界級大企業，這就是 A 和 B 的談判。

　　如果他是獨家專利權，他是 A，你要賣他東西，你是 B，你今天不賣，還會有別人賣他，因為這個時候他實力比你強，談什麼都不談，你只能按照他方法做，否則就取消資格，因為他是 A，你是 B，他強你弱。

　　某件外包 case，你認為可以拿 1000 元的報酬，對方卻說：「只能給 500 元，做不做隨便你，想跟我談？門都沒有，你不同意，沒關係，反正我還能再找別人。」他

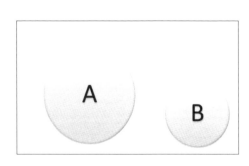

是 A，你是 B，這是單方談判，不叫協商。如果 A 和 B 談判，這表示一種誠意和善意。但事實上，A 不需要跟 B 談，因為 A 有足夠的權力，有足夠的說話權，這叫 A 大 B 小的局面。

弱者有弱者的談法，強者有強者的談法，在本書中，你會看到如果你是弱者的那一方，要怎麼和你的對手談；如果你是強者的那一方，又可以怎麼談。

首先，要讓對方上談判桌，離不開三個條件，以下是能讓對方同意談判的三個先決條件：

第一、一個無法容忍的僵局。

第二、雙方都確認只靠一方的力量是無法解決這個僵局的。

我再講一次，雙方都體會或認知到單靠一方之力量是無法解決共同僵局的，也就是說，只有雙方面對面溝通才有可能解決問題。

第三、談判的吸引力。

什麼叫做談判吸引力呢？就是談判的可行性和可欲性。這樣講太理論，我現在跟大家慢慢分析，讓你知道引導對方走上談判桌所需要的先決條件，這樣才有談判的驅動力。

談判的目的在於解決一個僵局，但是在解決這個僵局之前，你必須先製造一個僵局，先讓這個僵局發生，使雙方面臨共同的問題，都想談一談以解決這個問題，談判才有可能發生。

舉一個例子。假設對方是大廠商，你作為小經銷商，你跟對方談價格，對方通常來說是不會跟你談，除非他面臨某一個僵局。比方說在市場上，你聯合他的其他配合廠商，不和他合作，他之所以不和你

談，是因為他還有後路，還可以找別人談；但如果你將所有同行聯盟，要求他降價，就換他處於被動局面了，因為他若不跟你談，就進不了這個市場，這樣僵局是不是就產生了。

比方說，你給你兒子一個月 3000 元零用錢，但你兒子想要 5000 元，你不同意，依然堅持只給 3000 元。

兒子說：「爸爸，零用錢調到 5000 元真的不行嗎？是否可以協商一下呢？」

你說：「不協商就不協商。我說了算，我是你爸爸。」

兒子說：「不協商我就不寫功課了，不參加考試了。」小孩子於是鬧起脾氣，如果不考試，會影響學業，你是爸爸，就會因為這層擔心，而有所鬆動了。這樣，僵局產生了，逼得你不得不和兒子再協商。

你的員工要求你給他加薪，你說這個薪水已經很高了，並沒有同意他。然而員工卻威脅你說：「如果你不同意加薪的話，有別的同業要挖角我去他公司上班哦。」你想了想並沒有妥協，就說無所謂，要走就走吧，因為你是強大的 A，他是弱勢的 B。

這個時候 B（員工）想談判的話，需要跟 A（老闆）談的話，沒有任何的籌碼。但是如果有一天 B 跟 A 說：「老闆，不只別人要挖角我，現在對方請我們整個部門去他的公司。」老闆一聽整個部門都走了的話，那怎麼辦？於是僵局就製造出來，A（老闆）就會出來協商。

談判要先製造一個僵局，僵局是談判的關鍵，所以，很多時候必須小題大做，製造僵局。談判的第一個工作就是小題大做，如果你是 B 的話，如果你是弱者的話，第一個工作就把自己變大，因為你是弱

小的 B，比 A 小這麼多，那就想辦法把自己膨脹變大。

有哪些小題大做的方法呢？舉例來說，有以下三種。

 ## 一、增加議題

什麼叫做增加議題呢？這個議題是有兩種。第一種是數量增加。譬如說，賣方表示價格沒得商量，不讓講價時，你可以說，那如果買100 箱的話，這樣價格是不是可以談了呢？通常這個時候對方就願意談了，這就是增加數量的方法。

第二種是增加項目的談法。如果對方不願意和你談價格問題，你可以表示說：「如果你跟我協商一下價格問題，我就跟你談我的銷量問題。」也就是說，你跟我談方案 A 的話，那我就跟你談方案 B。

你談關稅問題，我就談一下銷售多少給你的問題。你想跟老闆談薪水問題，而老闆並不願意跟你談調薪。但是，你如果可以先跟老闆談一談自己怎樣一個人，有什麼專長和才能，可以做三份工作，…這樣老闆是不是就願意考慮了呢？可以把本來兩件無關的事情拉進來談，因為就方案 A 而言，是他強你弱，但在方案 B 裡，是你強他弱，所以你跟我談 A，我就跟你談 B，這樣叫做掛鉤。

所以，第一個方法就是把自己變大，就是增加數量，都叫增加議題。把數量變多，掛鉤戰術都可以叫增加議題，可以把 B 從小變大，對方就會願意跟你談了。

二、結盟

結盟戰術就是如果你是弱勢 B，你找很多弱小的人一起跟強勢方 A 談，大家在同一條戰線上，弱者就變成強者了。

三、把情緒升高

現在我們一起分析一下這三種方法。

一般人在買賣東西的時候，常常會用數量法，來把自己變大。對方說，價格不能談了，就是不二價，你就表示，那如果我把採購量變大，對方的價格可能就可以談，這是很基本的問題。

談合約的時候，當某一點對方堅持不讓步，也許你知道未來有一點是你比較強，比較佔優勢的，對方可能會拜託你。這時，你可以說：「今天就這一點如果你跟我協商一下，過兩天在 X X 方面的條件，我現在可以先答應你。這叫掛鉤戰術，但是這種掛鉤戰術有兩種。一種是比較善意的，一種是比較有威脅性的。

什麼叫做善意呢？就是你答應這個條件，我就答應不跟你競爭，退出這個市場，對方聽到這種話有可能願意跟你談本來不想談的事情，因為這件事情完全對他有好處。這是一種很善意的，你釋放出來的東西對你沒有利，但是卻對他是有利的，這是善意的掛鉤。但是除非對方相信你真的有誠意才有用，否則對方會認為你是在吹牛、胡說，還會質疑你憑什麼要讓步，這種主動讓步一定要讓別人相信你是有誠意的，這樣才有效。

另一種是比較有威脅性的、勒索的戰術。你必須跟我談這一點，

要是你不談的話，在某個部分或是哪一點我就讓你怎麼樣，那個威脅點很可能就是——漲價、讓你缺貨、把貨物賣給別人、或扣保證金……等這種是對別人不利，對自己有利的戰術，除非對方相信你是比較情緒化，不理智的人，而有所害怕，否則的話是無效的。但是這種方法其實是不利於長期合作的，因為通常第一次有效，第二次對方可能就不跟你玩了，因為他害怕你了，也知道要怎麼自保，於是下一次會找更多的廠家供貨，不再動不動就受你牽制。

3 強弱之間的轉化

結盟會讓弱者變成強者。

舉例說明：假設 A 有 4 票，B 有 3 票，C 有 2 票，所以 A 的說話權最大，因為 A 有 4 票，B 有 3 票，C 只有 2 票，B、C 相對來說是比 A 小的。但是，今天有一個決案要表決的話，必須要 5 票才能通過。

5 票才能通過代表什麼意思呢？就是 A 沒有過 5 票，B 也沒有過 5 票，C 也只有 2 票，都沒有達到 5 票的通過門檻，所以三方都沒有辦法單方做出表決決定，三方都沒有辦法自行決定，那麼，現在要怎樣才能讓決議案通過呢？答案是，除非有兩方結盟，你們認為誰跟誰結盟的機率最大呢？

通常，B 跟 A 結盟的機會不大，因為加起來是 7 票，比 5 票多了 2 票，那 2 票就浪費了，並且 B 跟 A 結盟的話，B 是弱者，而且對 A 的貢獻不大，因為 A 有 4 票，B 有 3 票，B 只貢獻 1 票的力量。C 當然也不太可能跟 A 結盟，因為 C 太小了，因此，得到戰利品之後分配到的資源也不會很多。

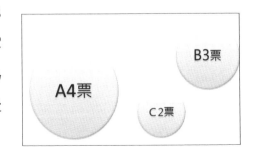

　　A 有 4 票，B 有 3 票，C 有 2 票，所以，B 跟 C 結盟的機會是最大的，因為 2 票加 3 票就是 5 票了，而且 B、C 分到的戰利品會更多，B 對 C 的貢獻差不了太多的，所以雙方都比較有說話權。

　　表面上看來是 B 跟 C 的結盟機會最大，B 跟 C 結盟成功了，那麼 A 可能就輸了。那請再仔細想一下，請問如果你是 A 的話，你面對這種局面，你難道不會猜測到 C 跟 B 會結盟嗎？所以你心裡明白如果他們兩個結盟的話，將不利於你，那該怎麼辦？所以，你是不是就會搶先比 B 更早找上 C 談結盟的事情，對吧？

　　因為只要把 C 拉過來了，你就贏了，所以 A 也想找 C 結盟，但是 B 知不知道 A 想拉 C 結盟呢？當然是知道的，所以 B 也會想辦法比 A 更快找到 C，保護 C，不讓 A 接觸到 C，對不對？這樣的局勢會造成什麼情況呢？造成 C 現在變成了搶手貨，C 就會慎重考慮到底是 A 給出的條件好呢？還是 B 給的條件好？並據此決定跟誰合作。結果最弱的反而變成最強，只要會善用結盟戰術，最弱的會變成最強。

　　所以身為強者要注意以下幾點，以免被逆轉成為弱勢的一方：

一、你可以斷然拒絕別人的要求

　　身為強者的你可以說「不」，我不答應你，要跟我協商這個事情不可能。對方問為什麼，因為這個時候你是強者，你可以好整以暇，靜靜地不說理由，就只是看著對方的反應，如果對方傾向於做出讓步，就表示形勢對你而言是越來越好，你可以順著他的讓步而取得更大的優勢；如果對方開始不斷壯大自己，或者退出了，或者不玩了，你要

找臺階下，你可以說我們老闆覺得你表現得很有誠意，決定再給你一個機會。所以，如果你是強者的話，記得先一開始保持沉默。

今天如果有一個國家 A 攻打另外一個國家 B，已攻下了 B 國兩座城堡，要求 B 國出來和談，簽協議書。如果你是 B 國國王，你是決定簽還是不簽呢？你所考慮是：「如果不簽，A 國若是再打下一座城堡就全輸了，如果簽，這兩座城堡就輸定了，這樣想想還不如反攻，但若是打輸了怎麼辦呢？所以你會反覆考慮形勢現在對你是否有利。

假設你現在在等公車，等了兩個小時公車都沒有來，你等得焦急萬分，或者等了一小時公車還是沒來，你會想坐計程車，但是你也怕，都已經等了一小時，萬一上了計程車之後公車就來了，那豈不是虧大了？這時，你就需要分析形勢，公車會不會馬上來，如果馬上來的話，那坐計程車不就浪費錢了，如果不坐計程車，會不會浪費更多時間呢？邊走邊看，時間太急肯定是坐計程車，如果時間不急，你會想那還是先觀望看看。

強者的 A 也需要衡量，雖然 A 的形勢比較好、比較大，但現在的形勢 B 有越來越強的趨勢，不過 B 只是暫時地膨脹自己。如果你的對手是暫時的虛張聲勢，你可以忍耐一下，因為實際上你還是強者，你還是佔了優勢，如果 B 的趨勢不斷變大，你可能要視情況盡快跟 B 談比較好，以免他繼續強大。所以，A 需要分析形勢，分析時間急不急，時間站在哪一邊。若是有時間對於 A 來說不利，就必須跟 B 談，就趕快去協商，因為再拖下去可能對你不利；若是有時間慢慢考量，但也能太掉以輕心，萬一對方膨脹更大怎麼辦？所以如果你是 A 的話，就

要趕快分析一下趨勢，決定要不要談判。

　　強者還需要做一件事情，就是要促成弱者趕快來跟你談。第一個方法要教育他，要給他信心。比如很多人都排斥和老闆談加薪，心裡都認定老闆那麼強勢肯定是他贏了，還有什麼好談，算了，還是辭職好了。由於對方是弱者，所以沒有信心跟你談，這時你要教育他，給他信心，讓他知道凡事都是可以商量的。

二、你要簽訂不平等條約

　　如果你是強者 A，你要讓對方相信，我可以主動讓步，如果在這一點上面，我 100% 讓你，你不會有任何損失，這樣你是不是就能跟我協商呢？這時你需要簽訂不平等條約，讓 B 看到你已經拿出讓步的誠意，如此一來，B 就敢跟你談，就能促成 B 上談判桌跟你談判。

三、給對方甜頭和好處

　　讓對方知道跟你談有好處，有實在的好處可能會得到的好處，但不一定能夠得到，虛的好處和實的好處要虛實結合，讓對方感覺有小利可圖，這樣對方就會願意跟你談了。

4 談判的可行性與可欲性

假設你跟員工說，這個月的加班費給你雙倍，原來是 1000 元，現在增加為 2000 元，但是你要將目前的工作時間變長。員工因加班費變多了而得到小利，雖然他還是會感覺到他是談判兩方之中弱勢的一方，但是他會感覺他即將變大、變強了。所以給對方一些小利，或者教育對方，或者你先讓步，簽訂不平等條約，你是強大的 A 都可以促使 B 和你談判。

促成談判的三個先決條件：

第一、僵局。

第二、雙方都確信靠一方之力無法解決僵局。

第三、談判的吸引力，對方想上談判桌談。

也就是你必須給對方談判的吸引力。什麼是吸引力呢？就是可行性和可欲性。

什麼是可行性？說白了就是讓你的談判對手覺得他上桌跟你談是行得通的。

什麼是可欲性？就是讓對方覺得跟你談是比較好的選擇。

舉一個例子，張三有房子想賣，而李四想買房子，張三（賣方）和李四（買方）未必就可以上桌談，因為張三可能不急著要賣，所以

李四覺得向張三買房子很難談出對自己有利的條件，張三不急著賣，就不好講價，也不太可能讓步，李四就想既然張三不著急也不可能讓步，那就看看其他物件的房子吧。

李四之所以選擇不跟張三談，是因為他覺得談也沒有用，沒什麼可行性。但是還有另外一種情況：李四會覺得既然張三不缺錢，也許在價格上就好商量，也許他不急著用錢，反而讓步的可能性還是有的，只要其他方面條件不錯的話，或許是可以談的，這樣就促使李四想約張三上談判桌談了。你要想讓對方想和你談，你就必須讓對方覺得和你談是可行的，是有機會如他所願的，他才願意上桌，覺得有機會談到好條件他才會想試一試，如果對方覺得機會很渺茫，那他就會傾向不談，不必去浪費時間。

反過來說，從張三（賣方）的角度來看，張三上桌前可能會想：現在房地產行情正火熱，到處都在漲價，我現在跟李四談不是最好的時機，萬一談成了一個好價格，我以為的好價格，但現在市場行情大好以後房價又翻漲了，那我豈不是悔不當初，所以還是先不談，先觀望看看再說。

這個時候張三不想談了，因為他覺得也許房價會繼續漲。但是反過來張三會想，萬一這個房價下跌，現在不趕快趁時機好賣掉的話，若房價反轉下跌的話，那不就慘了，這個時候張三就會萌生想談一談的念頭。

李四又想：這個張三現在願意跟我談，也願意讓步，可是別家也搶著要賣房子給我，搶著讓步。於是李四就選擇跟別家談了，為什麼？

因為李四他覺得跟別人談，相對比起和張三談，能談得到更低的價錢，比較好砍價，懂了嗎？就是李四認為因為別人急著賣，所以他就可以殺價殺得更低，談到比較有利於他的價格，是可以期待的，是有可能買到便宜的房子，因為有了這種欲望和動力，就可以讓對方上桌了，這就是可行性。

還有可欲性，就是比較好的選擇，什麼是可欲性呢？請繼續接著看張三與李四買賣房子的關係。

如果李四發現張三是因為要出國移民而想趕快賣房，著急得不得了，他這個時候心想：砍張三的價格還是比較好砍，砍別人價不好砍，跟他談還是一個比較好的選擇。因為有了這個可預期的甜頭、好處，談判就有了可欲性，所以就願意上桌談了，這就是可欲性。可欲性就是給對方一條路走，但是不可以打開大門讓對方長驅直入。

談判中，我們常說的重要原則是先讓對方開價，如果對方先報價就可以知道對方的底牌。但是報價的一方也會害怕，怕萬一自己報出的價格若是太低，那豈不是吃虧了，若是報得太高也怕還沒開始談就把對方嚇跑。

所以怎麼辦？這時就需要先透露出一種可行性，讓對方有談判的動力，方法就是用條件句，如果你是開價的那一方，擔心價格一下子開得太高或者太低都可以參考這個方法。

「產品價格是這樣的，一套大概 8000 元，如果條件好的話還可以再談。」

「我們大概可以出 2 萬元，但如果看整體條件好的話可以再加。」

　　加了一個「如果」在裡面就有後路走，永遠有餘地，可以定義整體條件好不好，讓自己有調整的機會，這樣的說法也能讓對方覺得價格有彈性，所以就願意坐下來談。如果把話說死，就 2 萬元、就 2000元的話，對方就不想跟你談了，覺得沒有可行性了，所以要好好善用「如果」。

　　談判不是肯定句，回應對方「YES」，這樣就是讓對方長驅直入，談判也不是否定句「NO」，這樣就是關起大門不跟別人談。談判就是條件句，如果這一點條件不錯的話，價格可以降低，可以把這個利益讓給你，談判常常需要用「如果……」的句子來交換條件。

　　所以就給對方傳達一種可行性和可欲性。有很多談判的書或者課程所教的是——比如說走進一家商店，假裝不想買的樣子，這樣可能會讓對方讓步。可是試想，若是有兩個人同時走進店裡，一個人表現得想買，另一個表現得不想買，請問一下，店員是會主動招呼那位表現得不想買的客人呢？還是積極服務那位想買的客人呢？當然是服務那位想買的客人，為什麼呢？因為有可欲性，因為他讓店員覺得他有想買的打算，上前服務他、跟他談比較有成交的可能。

　　所以，不要一切都照搬書上或課程上老師所講的，假裝不想買也未必次次都能奏效，還是要看場合使用。事實上，當你表現得完全不想買，你會讓對方完全沒有和你談條件的動力了，你要表現出想買，又有點不想買，請仔細拿捏那個感覺。那麼你就能調動對方想談一談的可欲性了。由於你表現得好像不一定要，對方心裡就會想或許他讓步一點，你就會想買了，那不就有成交的機會了。談判就是要給別人

一點動力，讓別人覺得跟你談是可行的，可期待的，是比較好的選擇。

　　這三個條件，少任何一個都沒有辦法讓對方上桌和你談。所以，無法容忍的僵局製造出來了，在雙方都無法容忍之後，還要讓對方知道，透過談判我是可以讓步的，先給對方一些甜頭和好處的想像空間，讓這個談判變得有吸引力，否則他會認為跟你談也沒有用。

　　曾經有學員在課堂上問我一個問題：「杜老師，我是要等房地產商建案完成後，我再去買建好的新屋比較安全，買預售屋、樓花（樓花是地產物業市場的一個名詞，是一種投資工具不動產期貨，指該地產發展項目還未完成。在台灣則稱為預售屋。地產發展項目以樓花方式發售，對地產發展商最有利，在現金流方面而言，先收錢，一年半載之後才交貨。對買家來說投資風險是最高，因為有「隔山買牛」的現象，除了有現金流、銀行房貸、利息等風險之外，還有例如發展商的誠信、當地法律對投資者的保護、爛尾樓及縮水樓等潛在風險。）很不安全。」

　　我說：「為什麼？」

　　他說：「我曾經買過一次樓花，買完之後，對方因為資金周轉不靈，建案因此停擺，害我血本無歸，想找對方退款，對方卻不退。」

　　我說：「你用什麼方法讓對方退款呢？」

　　他說：「我帶著所有買樓花的這些買主、小業主去找開發商，逼開發商退款。」

　　我說：「難怪你要不到錢。」他說為什麼呢？我說因為你不懂談判。你必須先瞭解對方需要什麼，害怕什麼，談判要先瞭解對方的「需

與懼」——需求與恐懼。房地產商害怕你把所有小業主帶來，因為如果地產商都同意退款給你們，那公司一定就會倒閉，所以在那樣的情況下，地產商是打死都不會退錢的。

但是，如果你一個人去找地產商談的話，同時讓對方知道，只要他把錢退給你，你可以保證不對別人說，在你這邊就只是一個特例，不可能變成一個先例。因為開發商害怕開了先例，其他人也都跟著來要求退錢，他們就全盤皆輸了。所以談判的重點是要先讓對方知道，這是特例不是先例，要瞭解對方的需求與恐懼。

談判前一定要清楚對方不敢讓步的原因是什麼？對方需要什麼？我前文曾提到，有一個學員就是因為他要逼對方退款，他說要找所有的下游經銷商找廠家退款，因為他們賣假貨。

我說這樣人家更加不敢談，你應該向對方說：「只要你答應退款給我，我保證拿了錢就走。」因為你需要瞭解對方的需求和恐懼，先例和特例是不一樣的。

你還要讓對方知道，這是一個無法容忍的僵局，如果再忍下去，再拖下去的話，他拖延的成本越來越大，不談判的成本越來越大，這樣就有了談判的推動力。

給對方一些好處，讓對方覺得談判會比較好，比不談判好多了，有便宜可占，這樣就有談判的推力和拉力，就比較容易把對方拉上談判桌。

「頭銜會令自己有不同的位置，不同的競爭力。」

「80% 的讓步發生在談判期限的最後 20% 時間。」

「談判的雙方中，越趕時間的那個人，就註定要進行越多的讓步。」

「記住，你的目標是藉由威脅對方你要『走人』來獲取你想要的，而不是真的『走人』。」

「收集大量的資訊，有時對方跟你說的不見得是真的。」

「如果看起來你好像寧可冒著財務損失的風險也要堅持原則，對方就會開始信任你，並因此而喜歡上你。」

Power

Negotiation

第 3 章

決定談判成敗的要素

Power
Negotiation

1 談判是資訊戰

影響談判成敗有三大要素：

第一，資訊；

第二，時間；

第三，權力。

我在我的課堂上曾讓我的學員玩一個談判遊戲。我把學員分成 A、B 兩個人一組，我請每一組的 A 站起來，於是 A 站起來之後，我對他們說，各位 A，現在遊戲是我可以給你們 10 萬元，只要你們能和 B 談好要如何分 10 萬元，怎麼分，是六四分、七三分、八二分、九一分我都不管，只要 B 同意，你們這一組就可以從我這裡拿走 10 萬元去分，但是只要對方不同意，時間到了都還是沒有共識要怎麼分，那這 10 萬元就不能給你們。

遊戲開始之後，每一組的 A 和 B 就認真談，時間到了之後，我喊停，有人談成七三、九一、八二、六四也有，但大部分都是達不成協議，雙方都拿不到自己想要的錢。怎麼會這樣呢？

為什麼呢？因為這場談判被資訊所影響，我說：「A 群起立，我將給你們 10 萬元，你們自己去跟 B 談要怎麼分這 10 萬元，沒談好怎麼分就不給。」這個資訊，在場的 B 群也同樣聽見了。所以 A 對 B 說，

我給你 2 萬行不行，B 說不行，我要 8 萬，你拿 2 萬。為什麼會這麼難談成呢？因為 B 聽見了這個資訊「只要 B 不同意，A 也拿不到錢」。

如果 B 並不知道這樣的資訊，如果我是一開始就先把每一組的 A 叫到辦公室來，承諾將給他 10 萬元，讓他和 B 隨便分。試問，如果是這樣的話，如果你是 A，你會分給 B 多少呢？很多人都會答分 100 元、1000 元。那請問，如果你是 B，如果別人莫名其妙給你 100 元、1000 元，你覺得好不好，是不是覺得很好，很開心就收下了，對吧？為什麼這麼容易談成了呢？因為 B 沒有先獲得資訊，在談判時，他就沒有資訊的力量。談判的成效如何，很多時候在談判之前就已經看出了勝負——為什麼？掌握資訊的多寡在談判前就已經決定了勝負。在談判場上，有資訊的一方往往勝過沒有資訊的一方。

談判成功的關鍵要素，第一就是看你掌握多少相關資訊，你有多少情報。

上談判桌前，收集資訊、掌握籌碼，只有瞭解了對方的意圖、目的、策略，才能對症下藥，有針對性地制定談判對策，進而使我方處於較為有利的地位，贏得談判。所以，盡可能了解談判的對象，可以增加自己的籌碼。談判的對象，不只有坐在談判桌對面的人，還包含了利益關係人，例如對方的主管，誰才握有最終的決定權……等都要去一一了解。談判除了是雙方心理素質的較量，也是談判技巧、專業知識與資訊收集的較量，談判過程充滿了變數和陷阱，因此，唯有準備充分，方能心中有數，再上升到胸有成竹，勝券在握。

越了解一件事的全貌，就越有機會達到目的。可以試著蒐集過去

是否有相同或類似案例，前例的結果常常可以作為談判的基礎。除了在談判過程中仔細的觀察與聆聽對手透露的資訊，在這些訊息中，是否能找到有價值、影響談判局勢的資訊，就能決定在談判上是否能贏得更多。

正如《孫子兵法》中所說「知己知彼，百戰不殆」。一次成功的談判，行前的充分準備顯得尤為重要。磨刀不誤砍柴工，漫長的談判需要更為漫長的準備工作，其中資訊的收集是談判前最重要的工作，往往決定了談判的結果，但很多談判代表常常輸在起跑線上，卻渾然不知。唯有準確把握對手及其相關利益關係人，最大限度的掌握有效資訊，仔細分析對方的優點與劣勢，真正做到知彼才是成功談判的有利保障。

2 有時間勝過沒時間

為什麼說有時間勝過沒時間呢？

羅傑‧道森說：「80%的讓步是在最後20%時間內做出來的。」就像是老師讓學生做報告，指示學期結束前必須要交出來，但很少人會提前在學期中就交出報告，大部分的人通常都是在接近期末才開始動工，趕在學期結束前才做出來；如果老闆請秘書把剛才的業務會議記錄整理好，若是老闆沒特別說何時要交上，她通常不會馬上開始整理會議記錄，而是第二天才會開始動筆，第三天才交上。

如果你要高價銷售一本名叫《快速記憶法》的書，並向那些準備考大學的高三生打包票承諾能有效讓成績提高三十分，那麼最好的促銷時機是在考前三個月。因為這個時間距離考試不遠也不近，在這時告訴學生們有這樣的書無異於雪中送炭，很容易創造出優異的銷售成績。

在北京申辦奧運即將成功前一天晚上，我特意去了房地產銷售現場，很多人都在那天決定要買，因為當天晚上宣佈奧運申報成功了，所以那個時間，快到期之前，是所有人做出最多行動的時候。

再以買水果為例，一般來說，在攤主收攤時最能買到最便宜的水果。什麼呢？因為這個時間點老闆已經工作了一天，此時他們已非常

疲倦，沒有心思和時間慢慢講價；再其次，收攤時的水果自然沒有一大早那麼新鮮了，如果今天沒賣出去還要運回家，同時也浪費成本，因此老闆通常都會願意便宜賣，所以想撿便宜的人都會特意在收攤時才去購買。

這是為什麼呢？因為一般人在面對壓力時，都會變得比較願意變通。

有人曾經問美國人在和日本人交手時，美方最常吃虧在什麼地方？他們有志一同的答案就是時間。

美方代表團前往日本談生意，到了當地之後，很坦白地就向日方說明他們三天內必須回美國，回去的機票還請日方代訂，因為他們認為這樣最有效率。日方代表於是先帶遠道而來的美方代表去洗溫泉、喝清酒、看表演、吃料理，為他們接風洗塵。日方代表為了善盡地主之誼，熱情款待客戶，帶著美方人員玩了兩天，美方代表問什麼時候可以談合作的事，日方代表說第三天中午請他們吃飯的時候老闆會來，下午就可以談了，結果只有不到半天時間自然什麼都談不了，但礙於時間壓力只能趕在去機場前草草讓步，為什麼會這樣呢？美方代表想都親自來日本一趟了，萬一沒有談成的話就空手而歸了，而且前兩天讓對方那樣勞心勞力，這時也很不好意思再跟日方討價還價，只好讓步了。所以說大部分的讓步是在最後的時間做出來的。

談判的致勝之道就是要讓對方有時間壓力，自己沒有時間壓力，因為有時間的人勝過沒有時間的人。所以，當時間對你而言是充裕時，你就應採取拖延戰術，使對方著急、緊張，這時就會給對方製造時間

壓力，從而形成對你有利的局面。在這種情況下，原本較難談成的條件也會變得容易許多。

　　時間很容易帶給人壓迫感，所以，在商業談判中，要學會利用時間特有的壓迫感。不要小看談判的最後一分鐘，讓步與協定往往會在最後一分鐘達成；談判完成時機經常超越預定的期限；成敗壓力大者面對時間緊迫，往往欲求速戰速決，無成敗壓力者無時間壓力，就會表現得從容。所以，在談判中，不要被對方的冷靜所騙，對方也可能有時間壓力；與此同時，當自己有時間壓力時，首先，要耐心、冷靜地克服壓力，因為重大的讓步與決策都在最後一刻才做出，有時甚至會逾越期限；其次，不可讓對方知道你的時間壓力與期限，要保持鎮定，臨危不亂，因為隨著時間的流逝，弱勢可能會轉為強勢。

　　沒有時間的人會付出比較高的代價，飛機票比較貴，就是因為它能節省時間，今天早上洗衣服今天下午就要取件，因為趕時間，就需要支付雙倍的費用，為沒有時間付出更高的代價，生活中是這樣的，談判一樣如此。

3 談判是權力的較量

再來我們看談判是權力的較量。再回到先前那個課堂上的遊戲，如果 A 向 B 說：「杜老師給我十萬元，我決定給你分多少就是多少。」但是 B 反駁說：「可是，杜老師說如果我沒有同意分法，十萬元你一分錢也拿不到。」這就是在較量誰的權力大。

老闆讓員工張三去掃地，張三就去掃地，讓他倒垃圾就倒垃圾，讓他留下來掃廁所就掃廁所。為什麼老闆這麼有權力，讓張三做什麼就做什麼？因為老闆是發薪水的人，員工們靠他吃飯。員工因為很需要這份工作，所以老闆和員工談判的時候，老闆自然是位於上風的。這就是有權力勝過沒有權力的。

如果有一天，老闆要求張三掃地，他說不掃，老闆很吃驚張三怎麼頂嘴了。

張三說：「不掃就不掃。你認為自己是老闆，是這個公司最大的。但是，老闆，我覺得我最大。」

老闆問：「為什麼你會覺得你最大？」

他說：「不幹了就最大，這個公司我早就不想做了。」轉身就走了。

老闆問張三：「你為什麼敢這樣就走呢？」

張三說：「對面公司開出三萬元薪資請我，我為什麼要在這裡領

這麼少錢呢？」

　　結果老闆第一反應可能是把張三叫過來說：「張三，你回來回來，剛剛是因為我早上跟老婆吵架了，所以才對你這樣講話，我們談談，別人開出三萬元的月薪，我們也可以談。」為什麼老闆突然態度大轉變呢？因為張三可能在公司裡面有重要的地位、重要的客戶，沒有張三，公司運作不下去了。如果老闆選擇讓他走就走，無所謂，這表示張三權力不夠大，對公司而言可有可無。

　　也就是說老闆或主管有權決定你的薪資與升遷，面對老闆你的談判籌碼就比較小；如果你的學歷高、經驗豐富而且技術好，你的去留將對公司產生很大的影響，那麼老闆的談判籌碼就會變小。

　　談判是權力與實力之間的較量，在沒有走上談判桌之前，權力決定著談判結果。

　　通常在談判的佈局階段可以透過權力、權勢籌碼來建立制高點、搶佔上風。例如你可以開門見山地告訴對手：「你好，我是我們董事長的全權代表。」這句話在談判一開始時就會高於對方，因為你已經表示出你完全可以代表公司做決定；或是你可以據實說「本人是電機技術方面的博士」，這種說法很容易讓人對你的專業度產生仰視心理。其次，你也可以告訴對方「我們的市場佔有率是第二，但是顧客評價是最好的」。

Power Negotiation

4 如何擺脫時間壓力

請各位先記住，80%的讓步是最後20%的時間做出的，你一開始發現他不讓步，再不讓步，你也別著急，到了最後，他通常都會讓步，任何事、任何計畫一定期限，但別讓對方知道你有時間壓力，別讓對方知道你有時間限制。

利用時間壓力進行談判的重點：

1. 80%的談判，都會在最後20%的時間裡完成。

2. 有時間壓力的情況之下，人會變得比較有彈性，會答應之前還在堅持的條件。

3. 如果你自己有時間壓力，不要讓對方知道，否則對方就能輕易控制你。

4. 試著釐清對方是否有最後期限。

很多人不會談判，談判的時候會把「快，我很著急」掛在嘴上。對不起，這個時候對方並不會被你說服，其實，如果你讓對方知道「快，我們很急，不然的話，我們就會如何……如何」的話，這樣對方根本就不會讓步，反而是氣定神閒地等著你讓步，因為他們知道你沒時間再等了，會讓步的就只能是你。

兩輛車面對面，互不相讓，B和A誰都不讓，這條路很窄，誰都

不過去，請問如何讓對方讓，而自己不用讓。很多人就會說，「我車上有病人，很緊急旳，請你快點讓路。」錯，這叫說服力，不可以用來談判。

如果我是 B 就會說：「你有病人，我不著急，我可以等，我現有點累想小睡一下。如果你車上真的有病人急著看病的話，不如你先讓道，先倒車出去，就不會我們倆都堵在這裡，就能先救人了。」這就是沒有時間的要輸給有時間的。所以，抱著「慢慢來，我不急，我真的一點都不急」的態度，很容易就能輕鬆贏得對方的讓步。因為「趕時間」的人，會自然而然地放棄很多他堅持的細節，只為了讓對方快點點頭。

所以，就算你有時間壓力，都不能讓對方知道，反而要讓對方有時間壓力。其實，買賣雙方都有時間壓力，而且有八成以上的讓步都是在最後那兩成的時間裡做出來的。所以，談判越到後期，就越要謹防自己做出前面 80％的時間沒有做出的讓步。談判活動往往具有一定的時效，在談判臨近最後期限時，談判者常常面臨時間的壓力，會變得更加靈活，也更容易做出讓步。很多人談判的時候會想，本來前面堅持了很久，可是後來發現時間快到了，如果再沒有一個結果的話，談判就會無效，我已經投入這麼多時間、精力了，我一定要談出個結果來，所以在最後就會有所鬆動做出讓步。

如果你有這種想法，你就很容易讓步，談判就處於劣勢。無論投下多少時間都收不回來了，無論投下多少精力、金錢都收不回來了，所以要告訴自己一定要得到自己想要的條件，如果得不到我要的條件

的話，我寧可一切都消失，我不委曲求全去妥協，無論如何我的談判條件不會改變，不會讓步。有時也要見壞就收，不要給自己時間的壓力，就算投下時間了，都無所謂，不讓步，除非得到自己想要的條件。

很多經驗都證實了，談判雙方所做出的 80％讓步，都是在最後 20％的時間裡完成的。談判開始時，雙方一般很少會做出讓步；當兩方在最後的 20％的時間裡提出要求時，對方往往更容易做出讓步。如果你在談判一開始時就提出要求，沒有人會輕易妥協，相反地，如果你在談判即將結束時，將你的要求或你心中的疑問提出來，對方反而會比較有意願去滿足你的需求或解決你的問題。因為在談判尾聲中，一旦問題浮現，大家都會急著要解決它，以免破壞了之前的努力成果，所以妥協的空間也就變大了。

有些談判對手會利用這一點來對付你，他們會狡猾地等到最後一秒，才將原本早就該提出來的問題或想法說出來，對你來說，如果他們早一點提出這些問題或要求，你不見得能同意，但當你已經做好結束這個案子的心理準備時，他們才像丟不定時炸彈般地將問題拋向你，你一定倍感時間壓力而變得很有彈性。

因此，在談判時千萬不要告訴對方你的最後底線；即使最後期限來臨，也應該讓它變得靈活一些；在雙方都面臨相同的最後期限時，掌握最大力量的一方可使用時間壓力策略，但較弱勢的一方則應迴避時間壓力，盡可能提早在最後期限到來前開始談判。

在談判過程中，選擇越多的人越佔優勢，越有條件用時間給對方施壓。千萬不要聽信對方「以後再談」之類的話，這是在拖延時間。

當你被拖延的時候，到最後就有時間壓力，以致不得不做決定。因為在一次談判中投入的時間越長，你就越容易做出讓步。

很多商家會提供限時優惠政策，在特定的時間內給九折或者八折的折扣，過了這段時間之後就沒有優惠了，這也是利用了時間壓力。

會有很多消費者怕錯過這個難得的降價機會，購買情緒立刻就被調動起來了。

時間壓力另外一個層面的意思是，讓對方談得越久就越有可能讓他們跟隨你的想法，做出你想要他們做的決定。在談判中拖住對方的時間越長，他們越有可能接受你的觀點。因為談得越久，雙方的互動就越多，建立的關係就會越好。

有時候終止投資好過於硬著頭皮繼續去談不合適的投資，要懂得說不，懂得什麼時候應該適當地停頓，什麼時候應該適當地停止，而不是硬著頭皮繼續談下去。我們應該讓「時間壓力」影響自己越少，讓「時間壓力」返回到對手身上。在談判中越能不受時間壓力影響的一方，越能夠在這場談判中獲得好處。

5 如何擺脫資訊壓力

如何擺脫資訊壓力？記住，有資訊一方會勝過沒有資訊的一方。羅傑·道森曾說：「為什麼各國要派遣間諜去滲透其他國家？為什麼專業的橄欖球球隊會研究對手球賽的重播影片？因為知識就是力量，你收集到越多有關對方的知識，獲勝的機率就越高。」

　　談判中要擅長挖掘資訊，這樣你就能解除你在缺乏資訊上的壓力。以下是在資訊壓力時應把握的原則：

一、別怕承認你無知

　　要找出答案，先得承認自己的無知。所以別害怕問困難的問題。

　　在談判中，不要怕承認無知。什麼叫不要怕承認無知呢？

　　有一次，某老闆問我：「杜老師，我裝修隊花了很多錢，已經超過預算十萬人民幣，甚至還會超過二十萬元，怎麼辦？如何終止和對方的合作，甚至怎樣要回多花出去的錢呢？」

　　我說：「你跟他談判的時候詳細問他每筆錢花在哪裡，第一筆花在哪裡，第二筆花在哪裡，材料費多少錢，施工費多少錢，一筆一筆都問清楚。」

　　他說：「對方都是一次要一筆錢，不知道錢花在哪裡。」

這就是很多人在談判中最常犯的錯誤：不敢發問。

談判要想贏，就要大膽地挖掘問題。

我常常會在談判中問一些對方沒有意料到的問題，譬如，請問你進價多少錢。我為什麼這樣問呢？因為對方一直說進價很高，所以報價不能太低，不能給我更低的折扣，不能讓他沒有利潤可賺。

所以，通常這個時候，我都會直接問：「請問你進價多少錢？」這句一問出口，對方就愣住了，接下來可能會有兩種反應：第一，他不回答。於是我判斷他說的進價很高大概未必是真的。第二，他肯回答。但我也未必相信，我就是聽聽他的價格，聽完以後，我自己會大略評估一下，感覺一下，如果覺得可能他說的是真的，那我會考慮接受他報比較高的價格，或者在別的地方再向他要回來，這時我會有心理準備可能需要讓步了。

如果我覺得他說的有點像假話，我就在這一點上繼續向他提出質疑，問他進價這麼高的原因。

我敢一個問題接著一個問題地發問，因為我不怕承認無知。很多人很愛這麼說：「杜老師，您這麼聰明，這不用說肯定您心裡也都明白的吧。」

我通常會明確地回答他說：「我不知道。」

他接著說：「杜老師，您知道做我們這一行的成本很高的。」

我說：「我不是那麼清楚。」

這個時候，我就能逼著對方透露更多資訊給我，這是因為：第一我不怕承認無知，第二我敢於問更多問題。只要你能讓對方講越多，

他講著講著，可能很多的資訊會前後不一致，自打嘴巴，你就能發現更多對你有利的訊息了。

如果對方說：「杜老師，我們成本很貴，很高。」我會請他分析成本給我看，我越敢發問對我越有利，從而得到越多資訊。

問問題時，要多問一些開放式的問題，因為這時對方就不能只回答「是」或是「不是」。所以要問「如何」、「什麼」、「哪裡」、「何時」、「為什麼」、「誰」，這樣就能問出你想要的資訊了。

 二、在非工作場所時挖掘資訊

在工作環境中，人們對於資訊的透露會相當謹慎，一旦出了工作環境，就很容易說出一些訊息。

很多人談判的時候，會保持緊張、警戒的狀態，也就是說，在談判現場通常挖不出任何資訊。當一個人離開他的工作場所後，會比較願意分享資訊，所以發問的地點也很重要。為什麼有人喜歡打高爾夫球談生意，吃飯、唱歌、喝酒談生意？因為在比較放鬆的地點，比較容易挖掘到資訊。所以，不要在正式商業場合挖掘資訊，在比較休閒的場合比較容易探聽訊息。

 三、從同僚團體中獲取資訊

挖掘資訊，要問到對方身邊的人，甚至問他的對手，問他的同行。因為雖然他本人不太願意給你資訊，但是他的同行、他的競爭對手、討厭他的人，通常很願意把他的資訊都告訴你的。

6 如何擺脫權力壓力

有很多人在談生意的時候，在心裡不斷暗示自己一定要談成。我相信很有企圖心、很有決心、很積極的生意人，都有過暗示自己「我一定要成功」的習慣。

我也看過很多書，他們都教我們一定要有「要成功」的決心，我們就能成功。但是在談判中，恰恰相反，你越「一定要」，越容易失敗，越一定要就越難談成。為什麼呢？因為你「一定要談成」的信念會讓你很容易妥協，做出讓步。

談判的時候，只有一種情況，會取得最大的權力。什麼情況呢？就是談不到我要的條件，我就會走人，會在談判中擁有最高權力，否則自己對對方的需求會降低，而對方對你的需求卻增加了，這種需求就決定了權力。

羅傑‧道森說：「談判時，最重要的就是你有隨時準備走人的條件和選擇權，在遇到對手出難題時，有其他預備的方案來應對。」

羅傑‧道森曾舉一個他女兒的例子。當她女兒還在上大學的時候，她想要買一台中古車，於是去試駕二手車，一試就愛上了，回家就拉著羅傑‧道森陪她去談價格。在路上，羅傑‧道森問她：「做好了兩手空空回家的準備嗎？」她立刻說：「不！當然不！」羅傑‧道森卻

告訴她說：「如果你是抱著這樣的心態，那直接付錢算了，價格只能是人家說了算。」最後，那次砍價花了兩小時，成交的價格比她女兒當初預想的要低 2000 美元。談判兩小時就賺了 2000 美元。

永遠不要在沒有選擇餘地的情況下談判，因為在這種情況下談判，你就令自己處在下風。談判時最重要的力量是向對方傳達你有多重選擇。

再回到之前我提到的那個遊戲，我不是讓 A 跟 B 一起分 10 萬元嗎？會影響到金錢分配結果的原因有三個：

1. 因為資訊，B 知道 A 有杜老師的 10 萬元，必須要 B 同意，A 才能分到這個錢，所以很難談。

2. 時間。5 分鐘要談成，通常在最後，4 分 50 秒的時候，很多人一定要 8 萬，給你 2 萬，一讓，就讓到最後，就各拿 5 萬元，或者到最後 10 秒的時候讓步，不然兩人一分錢都得不到，這就是時間的壓力。

3. 權力，有人說無所謂，反正他不缺錢，今天拿不到 8 萬元，大不了一分錢也不要，但是 B 很缺錢，B 會說，好吧，給我 2 萬元也可以，因為 B 很需要這筆錢，所以他會妥協、會讓步，會同意。需要錢的一方在談判中容易妥協，容易讓步，是被動角色，被對方牽著走的。

需求越大，你給予對方的權力就越大，不是你的權力越大。所以，你要告訴自己一定要談成嗎？不對，你要告訴自己不一定要談成，無所謂。談不到我想要的條件就走人，隨時準備走人，如果你不說隨時

可以走，就等於認輸了。你若是讓人看出了「一定要成交」的想法，你就處於劣勢，你必須告訴自己，我不一定要成交，生意可以不做。一旦你表現出「永遠不走人」的態度，就等於告訴對方你已經沒有選擇，這時你將失去所有力量。

　　問題是還有一種情況，談判談得越多，花費的時間越久，你就會認為若就是這樣放棄、不談了的話，不就太可惜了，都談到這個程度，那前面所花的工夫就白談了。這就是你最大的弱點。

　　曾經，我到一個傢俱店想挑一組餐椅，沒多久就看到一款中意的，我詢了價，店家開價 3 萬元。我說：「能再便宜點嗎？」店家說：「不行！」於是我只好作罷轉身就往外走。沒走幾步，老闆就叫住我說：「好吧，算你 2.9 萬元。」我說：「不行，還是太貴了，我再去別家看看吧。」

　　他說：「好吧，好吧，你回來。」於是我調頭走兩次，就省下 2000 元，其實 3 萬元買下我也是可以接受的，但是‧我運用調頭就走兩次，省下 2000 元，不到 5 分鐘，5 分鐘就額外獲得 2000 元利潤，雖然不多，但賺得很快，所以說談判得到的每一分錢都是淨利潤。在談判過程中，獲利較大的，一定是隨時準備放棄談判的一方。

　　羅傑‧道森說：「你的目標是藉由威脅對方你要『走人』來取得你想要的，而不是真的『走人』。」你調頭就走，必須讓別人把你留下來，記住！調頭走不是你的目的，而是一種手段。

　　銷售有四個過程——

　　1.觀察，需要觀察對方是否符合資格，不符合的話，就沒有必要

和他談生意，如果對方有錢、有意願就跟他談。

2. 有錢，有意願，有決策權，都符合了就跟他談生意。

3. 勾起欲望，讓對方想要得到你的產品或服務，所以你開始塑造產品價值，開始刺激他的需求，開始不斷強調產品可以解決他的問題，這就是勾起欲望。

4. 要成交。走人這個技巧是在成交的時候用才有效。

如果沒有建立起對方想買或是想賣的欲望，你要脅說談不成你就要走人，對方回：「你走就走。」你邊走還邊不放棄地說：「那我真的走了。」對方一臉平淡地說：「你真的要走就走吧。」結果你真的就走出了店家，走在人行道上，你納悶地問自己：「奇怪，剛才發生什麼事，這不是白來一趟了？」所以，走人不是目的，走人只是手段而已。

有一個學員上我的談判課，還沒完全學完。有一天他打電話給我說：「老師，您知道我有多麼了不起嗎？」

我問他：「有多麼了不起。」

他說：「剛剛有一筆 100 萬元的生意，我都快談成了，最終有一點沒談攏，我就不打算談了，調頭就走。」他還開心地問我：「老師，您說我棒不棒？」

我說：「一點都不棒。」

為什麼？因為 100 萬元的生意就這樣讓它走掉了。他說：「現在怎麼辦？」我說：「走可以，但一定要確定自己已經成功勾起對方的強烈欲望，有把握對方會把你叫回來，才能威脅走人，也就是談判的

可行性和可欲性。要讓對方想拉你回來，或者中間有人拉你回來。否則這就是失敗的談判。」

　　所以，在你沒有把握能完完全全承擔失去這一場交易的後果時，不要輕易使用這一招。就像有的人殺價時會提出：「如果不便宜我300元，我就不買了。」這固然是個可以逼迫對方妥協的手法，但對方很有可能因為生意很好而回你一句：「那就別買吧，因為還有別人搶著要。」

Power Negotiation

7 一個典型案例引發的思考

太太對老公說：「冰箱壞掉了，要趕緊去買冰箱。」

李先生說：「不行，我要先去上班。」

「要趕快買新冰箱，不然的話冰箱裡的食物就要壞掉了。」

「好吧，我先去公司打卡，11 點之前回來接你去買冰箱。」

結果李先生真的在 11 點鐘回來了，開車到商場六樓買冰箱。選中 A 款覺得外型和顏色不錯，但是價格太貴；B 款價格不錯，但是拉門不符合他的需求；C 款這個大小外型都不錯，感覺這台可能更合適，李太太和女兒也都中意這台，但還是讓老公做最後決定。並不忘提醒老公說：「再不買的話家裡食物要壞掉了，快買吧。」

李先生一看標價 22980 元，說：「等一下，我把售貨員叫過來講講價。」

結果李先生讓售貨員過來，售貨員正在擦地，一邊擦地，一邊問什麼事，這個時候李先生問：「這台冰箱多少錢？」

售貨員說：「上面有標價，有需要的話您告訴我，我幫您結帳。」

「標價 22980 元，能不能便宜點呢？」

「先生，我們商場是不二價的，有什麼其他需要請再叫我。」

這個時候這家人跟售貨員是不好講價的，為什麼？看一下局勢，

分析一下資訊、時間、權力，談判完全失去了平衡。

　　第一，李先生知道售貨員的提成是多少嗎？他們是靠底薪還是靠提成賺錢呢？他們倉庫還剩下多少台冰箱？他們有沒有庫存的壓力，競爭對手賣多少錢李先生知道嗎？李先生什麼都不知道，在資訊方面李先生並沒有佔上風。但是售貨員清楚李先生的資訊，如果李先生不急於買冰箱就不會直奔六樓而來。

　　第二，李先生夫婦討論買冰箱的話，李太太要求李先生快買吧。售貨員表面看起來在擦地，但都聽得一清二楚，你們之間的資訊失去平衡了。他有李先生的資訊，李先生沒有他的資訊。時間方面，他看起來很悠閒，好像一副不著急的樣子，李先生看起來急得不得了，他聽見了李太太說再不買食物就要壞掉了，所以售貨員更不著急了。於是時間又失去平衡了。

　　第三，權力方面，李先生問售貨員冰箱多少錢，他讓李先生自己看標籤，標籤是 22980 元，這是一種權力的象徵，是精算過的。如果你問問售貨員能不能再便宜，售貨員說大商場不講價，也就是說這裡是大商場，這是一種權力的象徵。所以，這個時候講價完全處於劣勢。

　　本書即將教你如何讓你有資訊，別人沒有資訊，你有權力，別人沒有權力，以及別人製造壓力給你，你如何擺脫，教你如何擺脫資訊壓力、時間壓力、權力壓力。

　　舉例子來說。今天的會議對方來的是董事長、副董事長、總經理和一名採購坐在辦公室聽你報告你的產品，簡報到後面輪到你報價時，他們卻提議暫停一下，請你稍等片刻。他們幾個人出去不知道商量什

麼東西,隔二十分鐘才回來。當你在等待的時候,你會怎麼想?

他們商量什麼事情?在討論什麼我不知道的事情呢?馬上你就承受了一個資訊上的壓力,他們回來之後對你說這個價格不對,讓你再報一個。這個時候你心理上可能處於劣勢,馬上報了一個很低的價格,為什麼?因為你覺得他們可能知道什麼秘密,你不知道。也許他們根本沒有打聽到什麼資訊,只是抽個煙或交換意見聊了一下,卻成功營造了資訊上的壓力,讓你覺得資訊不平衡,使你倍感壓力。

所以,未必真的是他有時間,你沒有時間;他有資訊,你沒資訊;他有權力,你沒有權力。在這三點上,我們要學會給別人製造壓力,擺脫自己的壓力。

我們再回過來繼續講剛剛買電冰箱的壓力。如果你處於弱勢要如何買電冰箱呢?

引用以上的方法,如果多買幾台,是不是就能把價格降低呢?或者說還想買電器部其他什麼東西,若是一起買的話,是否價格還有再談的空間?別以為價格不可以談,是可以談的,因為價格也是他們坐在辦公室定下來的,全在辦公室定價的。

你別以為自己是買冰箱的,你要認為你是在賣錢的,只要你大聲問一下,想要錢的請舉手,相信沒有人是不舉手的,所以在買冰箱你是弱勢,但如果是賣錢反而是優勢了。再者,你還可以說不符合需求,門開的方向不對,銷售員可能會因此算你便宜點。所以,弱者有弱者的談法,強者有強者的談法,主要看你怎麼運用了。

8 談判中的六種力量

增加談判氣勢的秘訣，就藏在以下這六種威力中。

談判中如何才可以取勝呢，贏得大勝算，以下談判的六大力量，是你取得更大的優勢，增加談判氣勢的秘訣。

 ## 一、權威的力量

在談判中，你希望談判代表擁有權力的話，你就要給他高一點的頭銜。

羅傑‧道森說：「當我們被授與頭銜開始，就立即擁有正當性的力量。我相信你一定也認同，如果你遇到一個人打著『副總裁』或『博士』的頭銜，在心理上你感覺比較怕他，但如果對方沒有任何頭銜，你就比較不會感到畏懼。」

當站在你面前的兩個人，一個拿出的名片是業務代表，另一人拿出的名片是副總裁，你覺得，哪一種人在談判中具有談判分量？當然是副總裁，也許這個副總裁就只是行銷人員，但是他的頭銜對他是很有幫助的。

有一個八年沒見面的朋友，他拿名片給我，一看是副總裁，我問他什麼時候升的副總裁，他說不久之前，我稱讚他了不起，在他們公

司是一流的。結果到他們公司去之後，跟一些人交換名片後，才發現這個是總裁，這個也是總裁，那個也是總裁，我說奇怪，你們公司有幾個總裁，他說他們公司有 500 個總裁，我才發現他們是大型的行銷公司，有大型的行銷團隊，行銷人員從行銷代表開始做到行銷部經理，經理做到總監，總監再到總裁，第五個階級就是總裁，他們是大型的公司，所以有 500 個總裁。

所以頭銜是免費的，如果你能給你的談判代表比較好的頭銜，而他可以取得比較好的談判優勢，何樂而不為呢？

主場優勢，也代表一種權力。假設你今天到別人辦公室談，談到一半，對方接一個電話，開一個會，這個時候對方處於主動地位，你就處於被動地位，這就是主場優勢。儘量讓別人來我們主場好還是我們自己去他們主場好呢？當然是來我們的主場好，因為我們有群眾，我們有支持者，我們隨時有掌控局面的能力，這也是一種權力的象徵。

還有一種就是誰是最大的？

比方說你代表這個行業最大的公司，你是市場中最大的公司，你是這個市場中歷史最悠久的公司，你是銷量最大的公司，你是利潤率最大的公司，是顧客量最大的公司。只要在宣傳自己公司的時候，盡量突顯「最」這個字，這就表示權力了。

你也要突顯「最」，廣告詞中的「最」就是權力的象徵。這只是一種象徵，未必有這種權力，權威和力量是一種感覺，讓對方感覺你很權威，你就是這方面的權威。權威沒有所謂真實的、公正的標準，權威是一種形象，創造在別人腦海中的認知，所以有這種地位。

　　所以談判過程中，需要拿出象徵權威的標誌。好像我前文講到的那個商場的冰箱，如果訂價是 21285 元和 21285.3 元，哪一個不好講價呢？答案是 21285.3 元比較不好講價，為什麼呢？因為感覺是精算過了，小數點都出來了，這也是權威。

二、是獎賞的力量

　　什麼是獎賞的力量呢？為什麼新手業務員和別人談生意那麼容易妥協和讓步？因為新手業務員讓客戶覺得客戶給自己訂單，就是對自己的獎賞，這種想法導致新手業務員在談判中處於下風、劣勢，這種感覺會讓他輕易妥協、讓步。

　　但是老鳥業務員並不這樣想，因為老鳥業務員不會讓客戶覺得這筆交易是對業務員的獎勵，甚至會讓客戶覺得是業務員在給客戶自己獎勵。舉例子來說：有一家企業邀請我去演講，我一開始是先拒絕，表示我沒有時間。我說：「如果您真的一定要邀請我的話，請您開出一個好價格，我再考慮，因為我時間很滿，價錢要夠好我才會接受邀請。」我為什麼要這樣說呢？

　　第一，我時間真的很滿。第二，因為我認為我去一家企業為他們演講是對他們公司的幫助和獎勵，而不是他們給我錢賺和給我獎勵，所以在談判中，我會有比較大的優勢。誰給誰獎勵，這就是運用這個力量的時候，在心裡要權衡到底誰給誰獎勵，只有你給對方獎勵，你才有勝算。羅傑・道森說：「你想擁有凌駕於顧客之上的力量嗎？只要說服他們相信你是唯一能幫他們解決問題的人就好。」

當然，夫妻之間、男女交往的時候也有這種爭議。在這裡分享一個笑話——

譬如，男朋友對女朋友說：「你該聽我的，要不然的話，我就不愛你。」

女朋友說：「你不愛我就不愛，我覺得跟你交往是我給你的獎勵，有很多男生追我，我也不一定跟他們在一起，但我為什麼選擇跟你在一起，知道嗎？」

男生和女生都在抓權力，如果任何一方說需要對方，離不開對方，這一方馬上在談判中處於劣勢。有一天他調頭就走，不跟你在一起，你說走就走，有可能他會回來讓你拉住他；如果你讓對方走得越遠越好，對方可能就回來了，說是故意嚇唬你的，請你不要拋棄他。這個時候，你馬上氣勢上升，佔盡優勢，因為誰給誰獎勵已經很清楚了。

如果不讓老公睡床上，睡客廳，老公認為睡客廳就睡客廳，我早就想睡客廳，老婆會說：「老公，你怎麼講這種話？我很生氣。」老公說：「老婆，你趕我出去最好，我甚至不想回家了。」老婆這個時候馬上失去權力，為什麼？因為老婆這個時候本來是想藉此懲罰、要脅老公。但沒想到老公卻認為這是老婆給他的獎賞，他並不認為這是懲罰，可以威脅到他。

 ## 三、懲罰的力量

什麼叫做懲罰的力量？前面已經舉過很多男女關係、夫妻關係、老闆對員工的例子，是員工懲罰老闆還是老闆懲罰員工，是供應商懲

罰經銷商還是經銷商懲罰廠家呢？羅傑・道森說：「業務員在說服顧客買東西時，會施以小惠，同時暗示對方若是不買的話可能會給自己帶來什麼痛苦或是不便。」在談判中，你要善於運用你能懲罰別人的力量，以及你可以解除別人對你的懲罰。只要你害怕別人對你的懲罰，你就處於劣勢，如果不害怕的話就處於優勢。

降價是懲罰，把貨轉給別人賣是懲罰，經銷商買別人的貨是對廠家的懲罰，撤櫃也是對廠家的懲罰，行大壓貨，還是貨大壓行就是這個道理。

大廠家可以說，我不把貨賣給你；大經銷商可以說，把你的貨放在最下層，讓消費者看不到。到底是零售商強勢還是廠家強勢，要看準誰擁有懲罰對方的能力。

 ## 四、言行一致的力量

只要一個人言行一致，你通常會對他言聽計從，知道他是個會兌現諾言的人，就會對他言聽計從，當你對上的人是個言行一致的人，你就容易妥協、讓步。

言行一致是不容易做到的。試想，寧可堅持原則，即使要損失金錢你還願意這樣做嗎？

有的老闆說，他做生意的宗旨是：一切為顧客著想。他對來買電腦的顧客說：「先生若是您買這台 A 電腦，我賺的利潤比較多，但是我建議你買 B 這款就夠了，配置不需要這麼高，雖然你買 A 那台的話我賺得多一點，但我還是推薦你買 B 這款，我寧願少賺一點，我也要

為你著想，不要多花冤枉錢，依你公司目前的需求，買這種等級的就可以了。」

顧客一聽，這位老闆寧可推薦他買比較便宜的，甘願少賺一點都要為他省錢，顧客聽到這樣的話，是不是就對那位老闆比較尊敬，他在顧客心目中形象也好了，因為這位老闆做到了堅持原則，即使要少賺錢，也無所謂。

有一些廠家賣皮包，標榜說永不打折，在香港和深圳買也是一個價格，在深圳、北京、臺北、香港、東京買都同一個價格，寧可差一點關稅的錢，都不打折。那假設買五個 LV 包包，打不打折呢？抱歉，他們也不打折，就是買十個也沒有折扣。你看 LV 名牌店裡面很多人，就沒有一個講價的，因為他們永不打折。你到法國巴黎的總店買這種皮包，他會說持外國人的護照，最多讓你買兩到三個，也不允許多買。怎麼會這樣呢？即使要多買幾個也不讓。因為若不這樣規定的話，就會很多人從巴黎買很多包並帶回國，因為不用關稅價格便宜不少，可以帶給朋友，或是轉賣給別人，這樣就會影響到國內代理商的權益。因為他們是透過海關運輸過去的，所以價格比較高，如果很多人都是從國外帶回降價賣，就會大大損及品牌的形象，所以不讓消費者多買。

各位明白了嗎？廠商寧願損失短期、眼前的銷量，也要維持他品牌永不打折的原則、高檔的地位。它不是真皮的，卻能賣得比真皮還貴，因為言行一致。

試想，如果有一件衣服你今天用原價買了，卻在一週過後發現這件衣服打五折，你是不是下次再也不會原價買了，或是再也不買這家

的衣服了，因為它讓你失去信賴感。說到做到的時候就擁有言行一致的力量，是在談判中能讓你佔有優勢的力量。

羅傑・道森說：「如果看起來你好像寧可冒著財務損失的風險也要堅持原則，對方就會開始信任你，並因此而喜歡上你。」

 ## 五、迷人的力量

這個世界上哪些人最有影響力？具有領導力、說服力的領導人，不論是政治家、演說家，還是電視節目主持人，只要有領導力的人物，都擁有一種迷人的特質。什麼叫迷人特質呢？在當初雷根選舉總統的時候，事實上他沒有從政的經驗，但他當選了，因為他曾經演過一部電影《超人》，他是好萊塢的電影明星，所以他當選美國總統了。

阿諾・史瓦辛格當選加州州長，不是因為他很會治理加州，是因為他有迷人的特質。他是美國的健美先生，是電影明星，在1998年的時候，是網站上排名最有魅力的男人。

克林頓總統看起來非常迷人，這與他能當上總統也是有關係的。

科學研究表明，外型比較好的人，說服力比較強。找工作的時候，很多老闆告訴我，他面試很多人，在3分鐘之內也很難看清楚誰有能力，誰沒有能力，如果能力差不多，學歷差不多，就憑著3分鐘第一印象，對誰感覺好就用誰，至少看起來賞心悅目。

在法庭上，長得好看的人，就算犯罪了，法官、陪審團通常都會想他是不是被冤枉的；雖然犯罪了，有證據，也會因此判得都比較輕一點。一個長得不好看的，大鬍鬚，橫眉大臉的人，都會判得比較重

一點。邁克·傑克遜被控告猥褻男童案，出庭的時候他特意穿得全身是白色的，白色象徵高尚純潔，因為他想利用迷人的力量。

通常，一個你喜歡的異性在你面前和你談判的時候就充滿影響力和權力了。所以要擅長運用第一印象，人家一看到你，你在別人眼中80%以上都是你的服裝，所以，服裝要講究一點，如果你完全可以給別人好的印象，那你為什麼要輸在第一印象呢？一整天給別人帶來不好的印象，如果輸在這裡，為什麼不在早上多花20分鐘把自己打理好呢？穿出成功來，為勝利而打扮，為成功而打扮。第一印象沒有第二次機會，走進電梯，從一樓到五樓，短短幾十秒，可以在電梯裡感覺一下哪個人是喜歡還是討厭，迷人的力量在於第一印象就贏過別人。

你用的皮包，你戴的首飾和配件，全部都在傳達你是什麼樣的人。如果今天顧客要跟你簽約，你打開公事包拿出的合約皺成一團，這個時候談判有力量嗎？如果拿出的筆又漏水了，弄得手上全部是墨，這一剎那是否有說服力呢？

有一次，某人到我辦公室來，邀請我投資他的計畫。他發明了用一隻手打字的鍵盤，希望我能投資他100萬元，並打包票說報酬率很高，可以賺很多錢。但是我一看到他一落座腿蹺起來時，他的西裝褲開岔了幾公分，白色襪子有點黃，有點灰，髒就算了，鞋帶也沒繫好。我看了幾秒，被他的腿打斷了注意力，我勉強又和他談了幾分鐘，無意間又看見他的腿，忍了忍，又持續談生意，之後再看他的腿，怎麼看怎麼不舒服。我問自己真的要投資他100萬元嗎？這個人連襪子都不願意換一雙清潔、乾淨的，如果把100萬元給他管，他會把生意做

好嗎？我知道這樣推測並不科學，因為也是有人也許形象不好，但卻很會做生意，這也是很難說的。

　　但是人是會聯想的，我們都知道，從小到大老師或長輩教育我們不要以貌取人，但是各位，每一個人都是在以貌取人，你也一樣，我也一樣，難道不是嗎？

　　所以，既然人的潛意識當中容易以貌取人，就不要讓自己在這上面吃虧。迷人的力量告訴我們，在談判的時候要做一個令人喜歡的人，可能是幽默感，可能是形象整齊清潔，可能是穿著美觀大方，各種方法都需要用出來。

 ## 六、專業的力量

　　舉例來說，一個醫生談判的時候容易贏，因為他很專業。醫生在開藥方、寫病歷、寫診斷書的時候，他要你吃什麼藥、買多少藥你都要照單全收，為什麼？因為他們有專業。會計師、律師跟我們談的時候我們也很難談贏他。

　　不知道大家是否有這樣的感覺？律師、會計師通常會發明出一些專有名詞，他們聽得懂，但我們外行人聽不懂，這樣就讓他們顯得很專業。他故意讓你聽不懂，這樣才可以讓你對他產生依賴、尊敬，從而提高他的權威，加大他的權力，在潛意識當中不希望你聽懂。這就是專業的力量所帶來的權力優勢，所以我們要在行業中發展出別人心目中更專業的人，成為別人心目中更有地位的人，在談判中就會取得優勢。

羅傑‧道森說：「最初，你只要威脅說要開除他，這名員工就會更努力工作（懲罰的力量）。等到他升上管理職，你得用 10 萬美元年薪的配套方案，才足以激勵他認真工作（獎賞的力量）。而隨著他的專業能力持續成長，總有一天，競爭者會捧著 50 萬美元的年薪來請他去經營他們公司（專業的力量）。」

對於以上六點，你現在可以做一件事情，就是打分數。為每一個力量評分 0 到 10 分，評估第一個力量你有幾分，第二個力量有幾分，第三個力量有幾分……跟你的對手做比較，你有幾分，他有幾分，評分完之後就可以知道誰高誰低了。

每一次都要在這六點上跟談判對手做出比較。如果這六點你少於 50 分，那麼可能這是你的弱點，你太弱了；如果剛剛好 50 分，OK，你已是很棒的談判專家；但如果這六點你打完之後是 60 分，可能是過於尖銳和強勢了。

所以我們打完分數，不要輕易讓自己達到滿分，也不要讓自己低於 50 分，在這期間上上下下，比對方高一點就是不錯的選擇，畢竟談判高手不可以在談判完之後全贏，讓對方覺得自己在你面前輸到底了，否則下一次就不跟你談了，不跟你合作了。

以上講的是影響談判成敗的三大關鍵要素──資訊、時間、權力。這是基本功，只要在談判時稍微分析一下，就可以發現局勢對你有利還是對對方有利，以及怎麼擺脫對自己不利的條件。在這三點上面尋找對方的壓力點，找出之後再用更好的談判技巧去談判，如此一來，每一場談判也就能事半功倍。

創富教育在兩岸開課,帶領學員就近學到無敵談判訓練課。

「當你感覺有人有能力懲罰你，那個人就擁有凌駕於你之上的力量。」

「業務員在說服顧客買東西時，會施以小惠，同時暗示對方若是不買的話可能會帶給自己什麼痛苦或是不便。」

「我們在談判時所根據的，常是我們的認知，而不是事實，只要他相信我們擁有這個實力，我們一樣可以不戰而屈人之兵。」

「死皮賴臉這招用來對付兩種人最有效，第一種是很忙的人，第二種是很懶的人。」

「一般人在面對時間壓力時，都會變得比較容易變通。」

「你想擁有凌駕於顧客之上的力量嗎？只要說服他們相信你是唯一能幫他們解決問題的人就好。」

Power
Negotiation

第 **4** 章

培養勝過對手的力量

談判中，我們要當強勢一方還是弱勢一方呢？當然是強勢一方。但是如何能當強勢一方呢？如果當上了強勢一方，就是單方談判了。什麼叫單方談判？就是不用協商，我就能贏定你。什麼是雙贏談判？就是協商型的談判。

你找銀行借錢，就需要在借貸合約上簽字，簽字之後你就必須按照銀行規定的還款時間還款，若未履行銀行就會查封你的房子或抵押品，沒有協商的餘地。單方談判就是強勢的一方沒有必要跟你協商，100% 就是要聽他的，如果他跟你協商，表面看起來是一種誠意，但是他有絕對的權力與優勢。

如果你有這種單方談判的強勢實力，在談判中你就是無往不利的贏家，無敵談判的專家。

在我們的談判課程裡，都會先問學員一個問題：請想像一下狹路相逢，兩車互不相讓，你們誰能讓對方讓道，誰就贏了。

學員們開始分組談判，他們談了五分鐘，十分鐘，大部分是誰也不讓，所有方法都用上了，依然僵持在那裡。之後我讓大家暫停，讓成功談成的舉手。你想知道那些贏的人是如何贏的呢？在兩台車互不相讓的情況下，你可以讓對方讓步，表示你擁有強勢的力量，有讓別人必須讓步的理由。在談判開始前，要審視一下自己：到底手中有什麼籌碼？有幾張牌可以打？哪些籌碼可以吸引對方？哪些籌碼可以讓對方讓步。以下就是將這些總結成八種方法，將其運用在所有談判上，道理是一樣的。

1 增強懲罰對方的能力

第一種方法就是兩車對峙，互不相讓。誰先讓道呢？有學員答：「如果我是大卡車，他是小汽車，我當然不讓道，待我加油衝過去，看他還讓不讓。」

有人是這樣贏的，沒錯，這是一種強勢談判的力量，因為他有能力衝過去，這叫懲罰對方的能力。

那要如何在談判中運用呢？

 第一，剝奪對方一些好處

譬如說可以拿掉頭銜，可以降級。剝奪對方一些好處，在談判中是強勢談判能力。老闆對員工常常有這種能力，因為發薪水的是他。通常強勢的一方會暗示對方若不依照他的意思去做，他就會有所損失，或是享受不到原本有的利益或好處。

 第二，加諸傷害給對方

把一些不好的東西加在對方身上，找一些不好的傷害加在他身上。比方說，剛剛說大車撞小車，小車就必須得讓了，就是將不好的傷害加在他身上。

第三，讓對方得不到他想要的東西

你明知對方想要什麼，你手上握有籌碼不給他，這也屬於懲罰對方的能力。

剝奪對方好處，或者加一些傷害在他們身上，或者不給他想要的東西，這都屬於擁有懲罰對方的能力。採用的手段分為兩種預警和恐嚇。如果能不講出我們將如何懲罰，讓對方去猜，這就是預警。有時為了維持雙方和諧，要讓對方認為我們的懲罰方法是被動的而不是我們的意願。另一種是直接說清楚將如何懲罰對方，這是強勢的，如果對方不這樣做，你就會怎麼做。為了逼迫對方就範，明確告訴對方懲罰的方式，警告對方不可輕舉妄動。

我有一個朋友奮鬥十幾二十年，賺到了兩三千萬元，有一天被歹徒恐嚇，2000 萬元一夜之間就被別人拿走了。雖然這是不合法，但是生命安全更重要，必須交出 2000 萬元，但我想講的是，人一時之間會因為被對方恐嚇而妥協、讓步。

預警是讓對方覺得我們懲罰他是被逼的，也是沒辦法，嚇阻要讓「懲罰」和「要求」成比例。如果一定要嚴厲懲罰，不妨用慢慢加碼的方式，一步步將衝突升高，讓對方相信我們不是開玩笑的。要想成功展現出執行懲罰的力量，就必須盡全力為你的產品或服務加值，讓對方害怕若是不向你下單採購，就會吃大虧。

當你感覺有人有能力懲罰你，那個人就擁有凌駕於你之上的力量。談判是赤裸裸的權力鬥爭，我們當然希望對方順從，如果對方不順從，我們擁有制裁能力，對方不願意也得順從，當然，能和平談判最好。

2 培養承受懲罰的能力

有人回答：「兩車對峙，互不相讓，到底誰先讓呢？當然是對方先讓，為什麼？因為我這是一台二手車，是台破車，已經開了十多年的舊車；但對方是賓士車，所以，我肯定能讓對方讓步。因為如果他不讓，執意開過來，他的車會被刮得很慘，損失肯定比我大，而我的車已經這麼破舊了，怎麼刮都無所謂。」

誰的車經得起被刮、被撞，誰就比較有底氣，可以不讓，誰經不起撞或是損失的，就必須要讓步，這就是承受懲罰的能力。在談判中誰有承受懲罰的能力，誰就可以佔有不讓步的優勢，甚至逼對方讓步。通常越有退路的一方，談判的權力也越大。

以下分享兩個相關的例子：

記得在高中時期，我有一個同學，他很愛漂亮，經常花錢買名牌的服裝，但個性又喜歡逞強鬥勇。某日他在路上遇到他校的一個壞學生，雙方因事起爭執，互相瞪了一眼之後，他氣急敗壞，很想痛打對方，但最後還是忍下來了。我問他為什麼忍下來了，他回答說，其實他可以打架，一點都不害怕，但是那一剎那他讓步了，因為他今天身上穿的，是昨天剛剛買的名牌衣服，如果跟對方打架的話，他是不怕受傷，就是捨不得衣服才新買一天就這樣報廢了。

　　我曾看過一部電影，有一幕是：一個人在酒吧裡面被人團團圍住，當時對方人多勢眾，而他只有孤身一人，他如何突破重圍呢？他當時拿起酒瓶子，就往自己腦門打下去，頓時就頭破血流了。他對那些人說自己不怕死，誰不怕死就過來，這些年輕人本來只是想嚇唬他的，發現這個年輕人不怕威脅，竟然拿瓶子打自己的頭，頭破血流都不怕，還拿瓶子衝過來了，年輕人馬上嚇一跳，讓他突破重圍了。各位，這就是他有承受懲罰的能力。

　　以勞資談判為例：很多資方怕負面消息見報，因為見報或訴諸媒體，就會影響公司形象，影響到股價，但勞工這一方卻不怕見報，如果「見報」算是懲罰，那麼勞方有承受懲罰的能力，資方沒有。

　　如果你是具備有承受懲罰的能力的一方，你談判的權力就比較大，氣勢也較足。對方說要某材料要漲價，你不受威脅，馬上就能找到替代材料；對方說要扣保證金，你無所謂地說要扣就扣吧，即使扣光你也不怕，因你有底氣，你有退路，所以就不怕被他要脅，有利於談判致勝。

3 ┃站在法理那一邊

有學員說：「兩車對峙、互不相讓，誰先讓？答案是，這裡是單行道，這有什麼好爭的，當然是他讓步。」

在談判桌上，越是合法的一方，越有力量拒絕讓步，並進一步去操縱對方的期待。在法理上站得住腳，並不表示絕對不讓，只是占了法理的優勢後，讓不讓步變成了我們的自由，反而可以借此去操縱對方的期待。這叫做站在法理那一邊。越合法就越可以穩住自己，拒絕讓步，違法的那一方在衝突對立的時候必須讓步，沒有選擇，因為法律不支持他。

十年前，我剛剛去中國大陸演講的時候，在某一個城市舉辦講座。當時，有另外一個城市乙地的同學來上課，告訴我來這裡上課太遠，建議我也到乙地辦培訓班。於是，隔兩天我就輕輕鬆鬆拿著行李到乙地租好的會場，開始宣傳我的課程。

當天晚上有人告訴我：「杜老師，有關部門來檢查我們，說我們是有問題的。」

我說：「不對，第一，我開的是教育別人的商業課程，潛能開發、激勵課程，讓大家奮發向上，應該不會對有關部門造成不良影響。」

他對我說：「因為最近本地很流行一種不好的歪理邪說，他們要

檢查是不是歪理邪說的。」

我說：「沒有問題的，我們絕對是合法的，對國家、對社會有利。」

於是，他們先在辦公室調查一下，問我們有沒有營業執照，我馬上告訴財務人員說，我們有營業執照，但是在甲地。

有關部門說：「這裡是乙地，是這個城市，是不是沒有本地的營業執照？」

我說：「沒有，因為我不知道。」

他說：「那不行，執照是有限區域性的，並不是一個執照做全中國的。」

我說：「我真的不清楚，國情不同，地區差異不同，這方面是我們疏忽了。」

他當時沒收了我的書籍、貨物，還沒收了財務人員皮包裡的錢。他還請財務人員下樓把提款卡的錢全領出來，財務人員想如果讓他們知道提款卡有錢的話，可能全部被沒收了，所以故意讓卡被提款機吞了，有關單位的人員就拿不到提款卡裡面的錢。而我這邊只能急急忙忙先開課，還不能向對方要貨，也不可以拿回被罰的錢，因為我當時要開課，我沒有談判的資源和權力，我必須妥協、讓步，讓他制裁我。

但我開完三天課，第四天，我就覺得他沒收我的錢和貨物應該給我一些憑據，這樣我才可以向公司的財務部申請報銷。因為如果我手中有了那些憑據，公司就不會懷疑錢是我拿走的，於是我到有關部門找相關人員，說當天有人沒收了我的錢和貨物必須給我開立收據。

他們讓我看了一下法規，說這個行為屬於異地經營，最少罰款人

民幣 10 萬元，最高可以罰款 20 萬元。如果開條的話，可以開，但表示收的貨物和財物要上交，所以要上交才可以開條，可能就不是只被罰 6000 元，也許就要被罰 20 萬元。這個時候他問我，是否再要開收據。我說不用了，那就算了。為什麼我當時無法據理力爭？我不確定他是個人拿還是上繳，但是我確定，法理不在我這一邊，若按條規定，我是要被懲罰更多的，因為我是異地經營，所以我沒有談判的優勢。這次經歷讓我學到做生意必須規規矩矩，每一張合約，每一個行為，都必須完全在法律範圍內，否則的話，有一天面臨談判衝突的時候，你就是處於劣勢的。

4 時間是一種寶貴資源

還有學員回答：「兩車對峙，互不相讓，到底誰先讓呢？答案是我絕對不讓，對方先讓，為什麼呢？因為我有時間，我無所謂。」

承受不了時間壓力的一方，往往為了讓談判如期結束，會做許多不得已的讓步。我有時間等，所以我可以悠閒地坐在車子裡喝杯咖啡，聽聽音樂，甚至躺下來休息，對方著急，對方就得先讓步，誰急誰先讓，這就叫做時間站在哪一邊。

通常在演唱會開場前買票，票價會是最低，最容易降價，因為開場在即，手上的票若賣不掉，這票就沒有價值了，就是一張廢紙。有一次我買演唱會的門票，是 4 月 21 日的演唱會，我 3 月就買了，因為聽說 4 月 21 日的演唱會已經快賣完了。因為太轟動了，他們主辦單位決定加開一場，4 月 20 日加開一場，報紙一登出來，5 萬張的門票吸引大批歌迷大排長龍搶購，說是一票難求。我 3 月早早就打電話買 4 月的演唱會門票，為了搶到票，本來二千多人民幣的票我花四千多元買下，因為我急著買，這叫做時間不站在我這一邊，時間站在他們一邊。

他們有的是時間慢慢等，我不敢等，所以我花了人民幣四千多買了票。當天我遇到一個朋友，我說我請他去聽，他說沒有票怎麼去聽，

我想也許門口應該可以買到便宜的，他說為什麼你買四千多元呢？我說：「因為我怕買不到，所以我多花錢買一個保險。而我也想趁這個機會賭一賭看看是否能在會場前買到便宜的。」結果買到了，二千多元的票八百多元就買到了。越接近演唱會門口，就有人賣得越便宜，從六百多元到三百多元都有，越接近演唱會開場，到晚上六、七點的時候，六百元都有人賣。

在商場上我們也常看到以下這樣的情況：

買方A：「請問你們什麼時候可以交貨？」

賣方：「大概一個月後。」

買方A：「哦，可以啊，對於交貨期我們倒是不要求什麼……」

誰知話還沒有說完。坐在買方A旁邊的隨行人員竟開口：「要快點啊，我們這邊設備都調試好了，就等著這個材料呢。」

買方A當下氣得不行，就因隨行人員一句話就把他原先布的局給破壞了。賣方這下肯定知道了買方A已沒了退路正等這批貨呢，所以他完全可以趁機抬高供貨價，付款比例等等。

所以，時間站在哪一邊，沒有時間的人註定是要讓步的。如果你有時間上的限制，自己心裡清楚就行了，千萬別讓別人知道。

5 造成事實耍賴到底

學員回答：「兩車對峙，互不相讓，到底誰先讓呢？答案是我熄火，我下車走人。我把車停在那兒，就是不讓道。」

這是擺明了讓對方自己取捨：你要讓就讓，不讓就不讓，你不讓道的話我也不倒車，就是造成事實耍賴到底，你滿不滿意都無濟於事。

舉一個例子說，有人在這個談判中發現對方要脅你必須要怎樣，比如要求你把人放了，你覺得對方是有權有勢的人，肯定非要你把人放了。你趁對方還沒有找到你之前，你把人關進去了，結果你說：「大哥，你早點來講，我就放人了，你晚了一步，沒有辦法，我已經把人關進去了。」這就造成事實耍賴到底。

應注意的問題是：既成事實必須在法理範圍之內，且對既成事實的後果已做好充分評估，對對方的對策有充分的估計和準備。你要我還錢，對不起，要錢沒有，要命一條。銀行向你追討借款，而你還不出來，就宣佈破產，結果幾百萬元銀行也要不回來了，這就是造成事實耍賴到底。這時其實銀行也怕錢要不回來……造成銀行極大的的呆帳，於是他們就會讓步選擇和你協商，放寬還款條件，延長還款期限……等。

「我這邊就是沒有辦法，你看有沒有其他辦法……」，死豬不怕

開水燙，光腳不怕穿鞋的。當你遇到這種人，你沒有辦法，你也不得不讓步，為什麼？因為你實在沒有辦法。

　　「沒有能力」常是拒絕讓步的最好理由，雖然很無賴，卻常常很管用，往往是讓對方一拳打到棉花裡，完全使不上力。

6 操縱對方的認知

話說林肯當美國總統之前也曾遇過這樣的事情。
當年林肯總統真的遇到過兩車對峙，互不相讓。他身材很高大，
當他坐著馬車來到一個狹窄小路的時候，一輛小車正迎面而來。因為
當時光線不足，林肯身材高大，所以對方感覺到他是一個很強壯的人。
林肯先表達了請對方先讓，對方讓林肯讓，林肯說不讓，對方也說不
讓，真的互不相讓，這個時候，氣氛很緊張。凝望對峙了五分鐘，林
肯正準備起身從馬車上站起來問對方讓不讓，對方看到林肯這個架勢
就說：「好吧，我讓。」於是馬車就退後幾步，讓出一條路，林肯的
車馬上往前開。馬車開到對方旁邊的時候，對方在林肯旁邊問了一句
話：「兄弟，要是剛才我不讓，你會怎麼樣？」林肯說：「我就讓。」
對方嚇了一跳，原來他被林肯唬住了，這叫操縱對方的認知，又屬於
虛張聲勢，就是讓對方誤以為我們會怎麼樣，但實際上我們沒有這個
資源，沒有這個實力，沒有這個能力，沒有這個意圖。這就叫操縱對
方的認知。我們在談判時所根據的，常是我們的認知，而不是事實，
只要對方相信我們擁有這個實力，我們一樣可以不戰而屈人之兵。

歷史故事裡有「空城計」，兵臨城下了，諸葛亮依然在上面悠然
自得地彈琴，為什麼對方看到這一幕就退兵了呢？因為對方以為諸葛

亮在城內一定有埋伏，而事實上根本沒有埋伏。他故意裝這個樣子，是因為他以前給人的印象是詭計多端，他經常弄虛作假，所以對方的認知被諸葛亮操縱了，對方讓步了，這叫做操縱對方的認知。

當你未必真的具有某種籌碼時，就可以採取「虛張聲勢」的戰術，讓對方誤以為你具有某種籌碼，這時你是在賭對方不敢或不能查證你是否真的擁有身分及籌碼。

在談判中，如果讓對方以為你有實力，誤以為你會怎麼制裁他，對付他，恐嚇他，你就擁有讓對方讓步的能力。

Power Negotiation

7 適度獎賞對方和巧用群眾力量

還有一個方式是：兩車對峙，互不相讓。我出錢讓他倒車，於是對方就讓了，這叫做獎勵對方的能力，報酬運用。

可是有人說：「杜老師，他給我 2 萬元想叫我倒車，但我不想要他的 2 萬元，甚至我還想給他 5 萬元讓他倒車。」為什麼能得到 2 萬元的獎賞，對方還是不倒車呢？這說明雖然你有獎賞對方報酬的能力未必有效，所以使用這個方法還必須對方想要你的獎賞才有效，你擁有獎賞的能力沒有用，對方必須想要才有用。也就是說光「擁有」沒用，你得說服對方，讓對方認知到你擁有的「資源」對他來說具有的獨特價值。

要給獎賞或報酬，必須先擁有對方想要的資源。雖然我們擁有對方所想要的資源相當重要，但真正的關鍵還不在我們有沒有擁有，而是人家相不相信我們擁有，和對方想不想要。

其實在談判中，所謂的獎賞或報酬並不一定是物質的獎賞，也可以是精神上的獎賞，比如在員工激勵方面，除了實際的獎金發放還可以用公開表揚的方式。獎賞就是報酬，即你擁有對方想要的東西（資源），包括金錢、物質、人脈、管道、能力等，是一個很重要的籌碼。另外，雖然擁有對方想要的資源相當重要，但真正的關鍵還不在我們

有沒有擁有，而是人家相信不相信我們擁有，所以，你不用保證必須有獎賞或報酬的籌碼，重要的是別人相信你有沒有，別人相信你有，跟你真有是同樣的效果。

巧用群眾力量

最後一種是巧用群眾力量

有的學員的答案是：「我告訴對方，我的後面陸續有很多車也開進來了，後面已經塞車了，想倒車也倒不了。沒有辦法，太多人在後面，所以請你倒車，於是對方就只好倒車了。」這就叫群眾壓力，群眾的力量，也是我前面講的結盟力量。

以上我分析了可以作為談判籌碼的八種力量。雖然兩車對峙的故事，跟你談生意好像沒有關係，但實際上兩車對峙如何讓對方讓步的遊戲，所總結出來的這八種方法，還可以用在經濟、家庭、人際關係和各種談判上，談合約、買賣都一樣。這八種力量就是你能勝過對手的八種力量。

我們再對這八種力量進行一個總結。

❶ 有能力衝過去。有懲罰對方的能力是一種資源，還是一種戰術呢？答案是資源，但也是戰術。你是大卡車，你強大，所以可以懲罰對方，可以衝過去，是能力和資源。但衝不衝，你可以嚇唬他，也是一種戰術。

❷ 承受懲罰的能力。這也是一種資源，你是破車，直接把車開過

去，也不怕刮傷車子，這就是你自己的一種資源，但是否開過去還不一定，所以這也可以說是一種戰術的運用。

3 誰闖單行道是資源。法理站在哪一邊，很明顯法律是一種資源。

4 時間站在哪一邊。很明顯，這也是一種資源。

5 我把車熄火，下車走，看他倒不倒。這是一種戰術，造成事實耍賴到底的戰術。

6 林肯法。操縱別人的認知是資源加戰術。林肯很高大是資源，諸葛亮詭計多端的形象是資源，但他並不是懲罰對方，所以也是一種戰術。

7 我出錢讓他倒車。這個報酬運用，用報酬獎賞對方當然是一種資源。

8 群眾壓力，說後面塞車，群眾壓力是一種資源。

現在我們看一下八種力量，是資源還是戰術多呢？答案是資源多。所以各位記住，培養勝過對手的力量，資源大於戰術，別以為靠戰術就可以贏，資源靠累積，戰術靠學習。

「千萬別接受對方開出的第一個條件，不管聽起來有多誘人。」

「你要求的越多，一定也得到越多。只有菜鳥談判者才會急著在一開始就提出最好的條件。」

「用『先暫時擱置』的以退為進策略，就能藉由先解決很多小問題，建立讓整場談判繼續下去的動能，接著再順勢導入重大議題。」

「要讓對方主動開口提議分攤差額，這樣就等於是你放手讓他們提出妥協方案。接著，你可以假裝勉為其難地接受，讓他們誤以為自己贏了。」

「在最後一刻，適時地讓一小步更容易使人們願意成交。」

「每次都必須將合約重新看一遍，並注意所有的些微改變，別只注意每次修改的部分。」

Power
Negotiation

第 **5** 章

無敵談判的戰術及原則

Power Negotiation

1 開高法

如果你是買方，如何用更低價買到更高價的產品，如果你是賣方，如何用更高價賣出產品或服務，價格高得你意想不到，也就是說我們前文所教的內容，能立即讓你產生利潤，還記得嗎？所有的銷售只能產生收入，但是利潤來自談判，學會這套無敵談判的技巧和心法，我們會讓你的對手覺得自己贏了，但實際上你才是最大的贏家。不僅讓你贏得最多，還要讓對方相信他贏了。

接下來，將與大家分享無敵談判的戰術原則，第一條稱為開高法。什麼叫開高呢？就是要的比想的更多。請先看以下這個例子。

有一個女大學生，她在美國讀大學，有一天她寄信給她媽媽，開頭第一句就對媽媽說：媽媽，我對不起你。媽媽看到一開始女兒就說對不起，有點緊張了。女孩又繼續寫：女兒沒臉見你，女兒不敢回家了，女兒愧對你們了。媽媽想到底發生什麼事了，心裡越來越沉重。結果女孩在信第二段開始寫了，今年上大學的時候，我認識了一個男孩子，剛開始那男孩子對我非常好，我愛上他了，和他熱戀了。她媽媽一看，是交男朋友了，那發生了什麼不好的事情呢？交男朋友幹嘛那麼緊張呢？後面繼續寫：我跟他熱戀沒有多久，就與他同居了。她媽媽驚訝了，女兒怎麼跟別人同居呢？她媽媽的心情頓時跌到谷底了。

　　女兒繼續寫：同居了一陣子之後，我發現自己懷孕了。媽媽一看到這個，就覺得糟糕了，她女兒在讀大學第一個學期就跟男人同居，還把肚子搞大了，越看心裡越難受，又生氣又緊張。

　　這個時候繼續往下面看：媽媽，我心甘情願為他懷孩子。我還是按時去學校上課，同學嘲笑我就算了，但校長看到我肚子一天比一天大，不讓我來學校讀書了，因為這個學校不准學生在就學期間未婚生子，所以校長就把我開除了。

　　她媽媽一看，覺得真糟糕，女兒怎麼發生這種嚴重事情，現在才告訴我。女兒說：媽媽，我不僅不敢告訴你我肚子大了，不敢告訴你我被學校開除了，同時還有一件事不敢告訴你。她媽媽急了，還有什麼事呢？信裡面又寫了：有一天我在家裡面呆著，心血來潮想去突擊檢查一下，沒想到竟然讓我看到我的男朋友跟別的女人在一起。她媽媽一看：你認識什麼壞男人，被欺騙了感情，還把肚子弄大了，害我女兒沒有書念了，現在怎麼辦呢？女兒繼續往下寫：我決定要跟他分手，但是這個寶寶必須要留住。她媽媽一看，這個男朋友也沒有了，學校也沒有了，分手之後誰養你？算了，你到底發生了什麼事情呢？信裡面寫：發生這些事情之後我很焦慮，整日心神不寧地，結果一個不留神，就從樓梯上摔了下來。她媽媽一看，女兒，你已經身懷六甲，還從樓梯上摔下來，怎麼什麼事都遇上了呢？她媽媽繼續看下去：我在昏迷了之後醒過來，才知道我的寶寶已經沒有了，非常遺憾。這真是人間悲劇，這麼悲慘的事情怎麼發生在自己女兒身上呢？她媽媽看在這裡，簡直要崩潰了。

信的結尾出現了最可怕的一段話：媽媽，你看到這封信的時候，你女兒已經不在你身邊，你也可能永遠見不到你女兒了，因為女兒這封信是跟你說一聲永別的。

她媽媽眼淚弄濕了信紙，崩潰地淚流滿面。但是信的最後一段文字，上面寫著：PS（就是注明的意思）。附注一段話：媽媽，以上所有的內容你不要以為是真的，我並沒有認識什麼男朋友，我也沒有跟他同居，我更沒有未婚生子，我也沒有被校長開除。她媽媽一看，這是怎麼一回事？剛剛已經跌到谷底的心情好像突然有了轉機，見到了曙光，沒有發生這些事情，太好了。下面又寫道：也沒有男朋友背叛我的橋段，沒有從樓梯上跌下來，更沒有失去寶寶。因為這些事情沒有發生，我也沒有自殺，也沒有跟你說永別。她媽媽一看，這封信裡面剛才講的原來是假的，馬上擦乾眼淚，心情恢復平靜，看一下信的最後寫什麼：媽媽，我寫這些內容是因為我不敢回家見你。為什麼不敢回家見你呢？因為今年的數學我考不及格，所以我決定不回家了。

她媽媽一看，數學不及格算什麼？女兒啊，你在哪裡？繼續看：如果你希望接我回家的話請打這個電話，但是我害怕見你，害怕你罵我，所以不敢見到你，除非你真的不罵我。她媽媽自言自語地說：根本不罵你，女兒，你沒事就好了。趕快打電話給女兒，接女兒回家，回家之後女兒根本沒有被罵。她媽媽本來是一個對她女兒學業要求很嚴格的人，她女兒害怕數學不及格會被她媽媽罵死，所以她寫了這樣一封信。

這個事例或許誇大了點，但可以看出，媽媽不罵她女兒的原因是

因為她女兒做了一件事情，就是「開高」。談判的時候要的永遠要比想的多。記住這句話。談判的結果，取決於你是否有誇大的要求。美國國務卿季辛吉曾說：「談判桌上的效能全看一個人如何誇大需求；你的要求越誇大，就能在談判桌上引起越大的效用。」

這樣做，有幾個好處——

❶ 加大談判空間

藉著大膽開口要求，可以替自己爭取較大的談判空間。以免你開出的要求或是價格過低了，一旦被別人殺價，就沒有利潤空間了，先把要求拉高，爭取談判空間，等到被殺到一點價格的時候，你還能保有不錯的利潤。因為所有的談判結果只能不斷向下，不能逆轉向上，也就是說，議價的價格只能越來越便宜，不可能越來越貴、交易的條件只能越來越友善，不可能越來越嚴苛。

如果你是賣方，議價時只能把價格降低，但卻很難增加報價；如果你是買方，你永遠只可以在談判的過程中不斷加價，但卻根本不可能壓低價格。

❷ 顧客可能會接受這個高價

你本來心裡就想報價 500 元，預計可以讓對方殺到 400 元，最低接受價是 380 元。所以，如果本來你以前都開價 390 元的，這一次直接開 500 元。結果沒想到遇到一個爽快的人，對方也沒還價，就答應你了。所以提出高要求、高價格，說不定對方會答應。

❸ 提高產品價值

「開高」可以提升你的產品或服務在客戶心目中的價值，可以在合作過程中提高你在對方心目中的價值。

❹ 可以避免無法讓步的僵局

很多人說產品賣 380 元就是報價 380 元，因為自己是實在的商人，但「開高」其實也是在幫助你守住自己的底價。因為人都是貪便宜的，總會希望對方一定要讓步、降價，於是問 350 元行不行，你說不行，因為 380 元已經是底價了，360 元行不行，不行，380 元已經是底價了，再問 370 元行不行，本來就已經是底價，對方還殺你的價，還抱怨你怎麼這麼沒誠意，這樣好了 375 元，至少也降一些吧，你依然還是說不行，因為底價真的是 380 元，賠錢的生意沒有人要做。這時對方也不高興了，覺得你一步都不讓，跟你做生意真沒有意思，不成交是你自己造成的，因為你一點也不讓，覺得你只想賺他的錢所以絲毫不肯讓步，更有可能將你列為拒絕往來戶。所以一開始就先把談判條件拉高、拉大，是在確保雙方談判過程中協商的彈性。而且，如果這是一個建立新關係的開始，而你在第一次與對方接觸時把條件抬得很高，你就可以在接下來的談判中做出較大的讓步，你做出的讓步空間越大，就顯得越有合作誠意。

❺ 可以創造買方是贏家的氣氛

如果你開價 500 元，一直被他殺到 400 元，最後殺到 390 元成

交了，這樣的話，你會給對方營造了一種對方贏的氣氛，所以拉大談判空間，不但是為了讓自己的獲利可能增加，一部分也是為了滿足對方對勝利的想像。如果是 380 元一點都不讓步，最後 375 元也不讓步，379 元也不讓，他迫不得已跟你買了，他讓步了，但是他會覺得他輸了，你贏了。

2 夾心法

什麼叫夾心法呢？夾心法有一個先決條件，就是讓對方先提出條件。如果你是賣方，就要讓買方先出價。盡量別讓對方要求你先開出條件，如果你真的先把條件說出來，對方就會說，我再考慮考慮，我再問問我們老闆。

在你別讓對方把你的底子和條件說出來之後再考慮考慮，你的方法可以讓對方先考慮一下，然後對方開了價，你要如何還價呢？答案就是用夾心法。

那麼，開高要開多高？條件開得太高把對方嚇倒怎麼辦？開得太低我們沒有讓步空間怎麼辦？所以記住，開高價之外要保持彈性，所以你要說這個價格基本上是 500 元，但是數量買得多的話可以商量，你需要給對方一個可以商量和協商的空間，而不是非常強硬地開高，對方才不會一下子被你嚇倒。

那麼，價格要開多高好呢？這時就是用夾心法了，假設對方開口說 500 元才買，你的底價要 600 元賣，你可以先報價 700 元，你先假設成交價介於雙方的起始價中間。

如果你打算 1000 元買進，你讓對方先出價，對方說要賣 1300 元，你就可以同樣給 300 元的空間，就說你出價 700 元，所以雙方的

差價是均等的。

夾心法是什麼意思呢？你要讓對方讓步，對方說賣 1200 元，你就說 800 元買，對方說 1100 元賣，你就說 900 元買，對方說 1050 元賣，你就還價 950 元，夾心法就是一邊打折，一邊夾心，不斷用同等的幅度，讓雙方的差價由雙方平均分攤。

使用這一套模式的重點是：

1. 要讓對方先開價。

2. 你的目標價格應介於對方的出價和你的起始價格中間。

3. 一邊打折一邊夾心。

運用夾心法，需要注意的原則就是不要答應對方的起始價或者回應價。

假如你兒子向你要錢，或者要車鑰匙借車，你應該說：「要車鑰匙做什麼？」

兒子說：「要去玩。」

你問：「去哪兒玩？」

兒子回答：「我要和朋友去看電影。」

你回答他：「不太好吧，坐公車去吧。」兒子依然繼續央求你把車子借給他。

於是你就說：「借車子可以，不過你要答應我一個條件，早一點回來，八點前回來行不行？」

兒子為了借車子就會答應你的條件；你還可以向他提出必須寫完作業的要求，他可能也會答應的；你還可以提出不會再另外給零用錢

的條件，他甚至也會答應。條件談好之後再把鑰匙給他，兒子會感到比較合理。如果你直接答應他，兒子可能會想：怎麼了，老爸？今天這麼爽快？甚至會產生其他想法。

這套無敵談判戰術原則，並不能保證你會這樣做，你的對手不會這樣做，因為對方也會這樣對你，但是你可以想辦法把我這一套所有的戰術原則綜合使用。也許，你可以這樣對別人，對方也可以這樣對付你，這就要看誰運用得好，最熟悉規則的人是最終的贏家。

我有一個學生跟我學習了三天，他隔天回來分享，他說：「老師，我學了一個方法，就是不要馬上答應對方的要求，我馬上做了。」我問他怎麼做。他說做了之後很糟糕。我問他發生了什麼事？

他說，他開車開到一半時，行經加油站下車去上廁所，有一個搶匪跑過來，拿著刀頂著他，讓他把錢包拿出來。他說考慮考慮，這個錢包可以給你，但是裡面的現金你要還我。對方根本不鳥他，馬上刺了他一刀。

雖然我教各位不能馬上答應對手的要求，但是遇到搶匪是例外，為了自保，你還是把錢包和現金全部給他算了。

3 擠壓法

杜云生老師曾經跟我分享了他的一次非常有趣的經歷。

他說——有一次，我在五星級酒店訂了一桌飯菜宴請幾位客戶。訂餐的時候所有的菜式已經事先點好了，等大家都入座後，餐廳經理過來悄悄地建議我說：「先生，您看您的客人這麼高興，要不要開一瓶紅酒呢？」我看他是趁著我客人都來了，想在大家都在用餐時追加一下我的消費，於是我問：「多少錢？」

他說：「275 元（人民幣）。」

我說：「什麼？太誇張了吧，紅酒一瓶 275 元，我在這裡花了這麼多錢，我不在乎這個錢，但是這單價實在太貴了。」

他說：「先生，這樣好了，我們一支算您 270 元，再給您降價 5 元好不好？」他才便宜我 5 元，我當然不滿意·於是我開始運用擠壓法了。

我說：「你的優惠條件不夠好。」

我一說完優惠條件不夠好，就保持沈默，讓他自己去考量考量，想了一兩分鐘，他跑過來對我說：「先生，這樣吧，我送你們每人餐後一份甜點，本來是 20 元一份的，現在免費送給你，你看怎樣？」

我計算一下：20 元一份，10 人就需要 200 元，他的成本雖然不

到 100 元，只是定價這麼高，但是他願意送我一份，頓時覺得心情不錯，但是我沒有馬上答應。我說條件還可以更好，他又接著說：「服務費、小費都全免了。」這時，我不禁想他為什麼這麼積極主動地推銷紅酒，可能他賣紅酒的利潤還蠻高的，要不然他不會一下子答應我這麼好的兩個條件。第一個條件經理提出來時，我心裡已經很高興了，實際上我可以答應他了，但是我想再擠壓一下，所以才又擠出了服務費、小費全免的優惠。什麼叫做擠壓法，這樣清楚了嗎？

假設你今天和廠商談判，但你並不清楚對方到底有多少資源能滿足你，這個時候，你就可以透過「擠壓法」這個技巧，將對方手上的資源一個個擠壓出來。這個技巧的精髓在於：將對手的籌碼擠壓出檯面後，再運用手中的籌碼和對方進行談判交換。

在對方開口提議時，適度地表現出吃驚與意外的樣子來回應對方的提議。如果你沒有表現出驚訝、嫌貴的反應，對方會覺得你在考慮，有可能接受這個價格，因此他也不會想主動再提供折扣給你，甚至因此揣測你心目中的理想價格與這個開價相去不遠。

你可以說條件不夠好，然後閉嘴，對方可能沒過多久，又放出對你有利的條件。你可以再問，是否條件可以更好，像擠牙膏一樣，每一次都覺得沒有了，但是再擠一次，又出來了。他為了談成這筆交易，多半會主動降價。這種例子不勝枚舉，而且屢試不爽。所以，你記住每一次談生意的時候，你只需要來這一句：你條件還可以更好或你條件不夠好。你將發現，對方很容易讓步。

說出對方條件不夠好後，馬上閉嘴，嘴巴閉上沒過多久，對方就

會忍不住又放出好條件來了。如果你不適度地表示出驚訝，會讓對方認為，他們的要求有被接受的可能，而你也不會得到額外收穫，最後吃虧的只是你自己！這些談判的規則各位讀者別小看，你只要認真去用，都可以幫你增加利潤，而且是立即見效的。

4 黑白臉策略

我們想像一個場景：警察局裡，一名兇狠的員警突然摁住你，把房門一鎖，然後過來讓你坐下，綁住你，用腳踹你，把你踹到很遠的地方，你倒在地上，他立刻又把你抓起來，給你一拳，問你招不招，這件事是誰讓你做的。

你這個時候會說：「不要問我，我是無辜的，我根本不知道，你打我幹什麼。」

他接著警告你：「如果你敢說員警打人，有你苦頭吃的，你知道吧？」

突然間門被打開，另外一個看起來很正義的員警跑過來說怎麼可以打人，員警打人是不對的。這個時候，兇巴巴的員警被趕出去了，當下你感激地認為警察局還是有好人的。

這個時候，他說：「你臉被打傷了，用冰敷一下；鼻子流血了，趕快拿紙巾擦一下；你餓了吧？先吃碗麵吧。」接著他安慰你說：「這個員警脾氣就是暴躁，別跟他過不去，他就這樣，我就是不希望他這樣才進來的。不過這個案子他是主管，如果你不跟我配合，我可幫不了你。」

扮白臉員警還可以這樣試探說：「今天你被抓進來，是替別人頂

罪的吧，你告訴我是誰教唆你幹這件事情，把幕後主使供出來，要不然等一下換那個員警進來，我可幫不了你。」

你可能會覺得，剛剛那個兇巴巴的員警再進來的話，我怎麼辦？他是辦案的主要警官，我要是再不配合眼前這位和善員警的話，可能還要挨打，這個員警看起來不錯，可以跟他合作，但是我不想供出主謀是誰，萬一供出來，出賣了我老大怎麼辦？

於是這個扮白臉的員警又開始說話了：「你知道嗎？我幫你向法官求情，最多是坐兩年牢，萬一到時候他們查出來，跟著判十年八年也是有可能的。如果你現在坦白的話，搞不好我讓你不用坐牢，你告訴我是誰，我保你。」這個時候你開始想，如果投靠這個大好人，可能都不用坐牢了，你就開始全盤說出幕後主使是誰了。

類似這樣情節的電影，你是否很有印象呢？我相信每一個人都看過，這就是著名的黑白臉策略。當「白臉」的方式，就是適時地給對方肯定與鼓勵，放鬆對方的戒心，配合「投桃報李」適時地讓步，拿到最終也是最重要的談判利益；當「黑臉」的人則是要給對方一種壓力，讓對方覺得我方非常堅持，而且準備充分、胸有成竹，必須提出相當不錯的條件才能讓談判順利進行下去，無形中迫使對方節節失守，達到我們期待的談判成果。這種策略如何運用在商業上呢？

想像一下，你的對手在跟你談判時說：「哎呀，很抱歉，我們老闆最近很強硬」——他說我們老闆很強硬的時候，就是在給自己留了一個不用讓步的理由。

於是他接著對你說：「這樣吧，你告訴我，你最高願意出多少錢，

我進去說服老闆，剛剛你跟他談了半天不答應，他就是這樣，脾氣倔，一會兒就好了。這樣吧，你別跟他計較，你對我說你最高可以出多少，我想辦法去說服我老闆就對了。」

身為買方的你，請仔細想想，你真的相信他是站在你這一邊真心要幫你嗎？你認為他是誰雇來的，他領誰的薪水，**幫誰做事**？但是你一不小心就以為他是站在這邊幫你，一不小心就把底價或者最高價說出來了，對不對？你出價了，他就可以進去跟老闆商量，然後出來說老闆太強硬。這就是黑白臉策略。

賣方這樣做，買方當然也可以這樣做。買方通常是這樣說的：你別跟他計較，剛剛那個人硬說跟別人做生意，算了，我把他拉回來，但是你能不能讓一步，最好再讓出一點，只要這個價格再低一些，我可以再勸勸他。

你認為他是在幫你嗎？他是在套你的最低價，把老闆拉回來之後，跟你出價的時候可以壓得更低一點，因為老闆隨時可以走，向他發脾氣，隨時可以對他說：如果談不好的話，我就炒了你。

很多人都誤解了，認為「扮白臉」的人是站在自己這一邊，共同的敵人是「扮黑臉」的人，實際上不然，他們的目的都是為了能夠在你身上贏取更多利益，只不過是利用你害怕失去交易機會的心理，引誘你接受「白臉」的提議。

談判高手都知道，在談判桌上，一開始應該用大膽開口要求的技巧拉大後續談判的彈性，而談判過程中，則應該運用「黑白臉」，延續這種彈性與空間，便能順利談成。

5 絕不主動提雙方分攤差價

什麼叫做絕不主動提雙方分攤差價呢？前文我已講過夾心法，比如說你心裡的理想底價是 1000 元才會要買，對方報的賣價是 1300 元，而你說 700 元才買，所以一邊打折一邊夾心，兩方一一還價，慢慢接近內心希望的成交價。因為你讓對方先報價，然後用抬高的原則，再運用夾心法，你就可以如願以 1000 元買到。

但是，這只是一種策略，別以為這個差價是 100% 公平的，未必是這樣的，為什麼呢？如果今天湯姆開價房子要賣 20 萬美元，傑瑞開 18 萬美元要買，若是以這兩個買賣價中間價 19 萬美元成交，難道公平嗎？不一定，要看房子的實際價值而定。如果房子價值 19.5 萬美元，買方傑瑞看出對方缺錢就堅持買價 18 萬美元，若是最後以 19 萬美元成交的話，對賣方是不公平的；如果說房子實際上不值 19 萬美元，才值 18.5 萬美元，如果賣方看到買方很喜歡房子，就堅持要以 19 萬美元成交，因為他開 20 萬美元，對方開 18 萬美元，用夾心法夾到 19 萬美元，也不公平的，所以均分差價也不一定公平。

在談判中，談判高手絕不自己主動提雙方分攤差價，而是鼓勵對方提分攤差價，讓對方「主動」開口提議分攤差額，這樣等於是你放手讓他們提出妥協方案。接著，你就能假裝勉為其難地接受，讓他們

誤以為自己贏了。

那要如何鼓勵對方提分攤差價呢？例如你開出賣價 8 萬元，對方卻提要用 6 萬元買，兩者差 2 萬元，經過一番交戰之後，你願意用 7.4 萬元賣給他，他願意出 6.8 萬元錢買，就差 6000 元差價了，不會這一招的人可能會提出分攤差價，說就各讓 3000 元好不好？各讓 3000 元的話，就是以 7.1 萬元成交，這就是前面講的夾心法，但是現在不要用這個方法，這裡教你要鼓勵對方提出分攤差價，怎麼鼓勵呢？

這時賣方的你說：「已經談半天，現在就差 6000 元，我願意 7.4 萬元賣，你想要 6.8 萬元買，但是我們僵持這麼長時間，現在就差 6000 元，你看怎麼辦？這麼長時間我實在不想就此放棄，你看怎麼辦？就差區區 6000 元，難道就這樣放棄了嗎？」

這就是鼓勵對方分攤差價，搞不好對方就會順著你的話說：「那就各讓一步，既然差 6000 元，就各讓 3000 元，我 6.8 萬元加 3000 元，7.1 萬元買了，你看怎樣？」

這個時候聽到 7.1 萬元，你要先裝傻，笑一下說：「是嗎？我開 7.4 萬元賣，你說願意 7.1 萬元買，中間就只差 3000 元了，太好了，既然只差 3000 元了，離成交更近一步了，太好了，我馬上跟老闆反映一下，真希望老闆馬上答應你，明天回覆你。」各位看到沒有，你把局勢變成對方已經讓 3000 元，但是你一分錢都還沒有讓。

現在買賣雙差價是 3000 元，到了第二天你回來對買家說：「真的很抱歉，我們老闆很強硬，不知道吃了什麼火藥，不肯讓步，你看怎麼辦？我們就差 3000 元，難道就差 3000 元讓生意談不成嗎？我

們都投入了這麼長時間只差 3000 元，你說這怎麼辦才好？」繼續鼓勵對方讓步，如果鼓勵再成功的話，各位注意了，他會多出 1500 元，搞不好是 7.25 萬元成交，分攤差價是一人一半，各讓一步。會用這樣方法的話，你可以讓對方再分攤一次，最後他讓了 75%，而你只讓了 25%，就算這個方法失敗，最差的情況也是你跟他對半均分了，對你只有好處沒有壞處。而且這個方法最大的好處是，他會覺得是他說服你讓步的，他會覺得是他說服你的老闆讓步，因為最差情況均分是你說的，因為你的老闆不願意平分的，而你假裝勉為其難地接受，反而讓他們誤以為自己贏了。如果他讓 75%，你只讓 25%，他也會覺得是他逼著你讓步的，因為你原來是一分錢不讓的。所以用這個方法是最高明的談判策略，你贏得了利潤，對方還認為是他說服你讓步的，覺得是他贏了，是他占了便宜。

想了解更多雙贏談判的議價方法的讀者，可掃描右方的 QR CODE 二維碼，我將免費提供有關於商場中必須了解的實戰法則，價值連城。我會讓您收看到價值 4980 的視頻與價值 1980 的講座門票一張。

6 每次都要審讀協議

在談判之時，雙方或許對主要議題都抱著高度共識，但是有一些細小的協議，例如付款日期、交貨方式，很可能簡單幾句話帶過，因此也有模稜兩可的異議空間。缺少了契約的法律保障，如果談判雙方都非常誠信地執行談判結果，自然是沒有問題；但偏偏就是有人會針對這些當初模稜兩可的協議搞小動作。談判最後的步驟是簽署合約，雖然看似輕鬆，實際上卻也是很容易出現紕漏和問題的地方。正是因為商場牽扯到利益問題，難保他人不會在小地方佔你便宜，或是因為疏漏細節而造成誤會。這個時候，契約白紙黑字的證明就是一種保護，足以捍衛你的權益，更是保障對方的利益。所以，我們應該要抱著謹慎的態度，寧可詳讀每一次修改過的契約內容，也不可因為怕麻煩而省略這個步驟。

如今幾乎所有的協議都是用電腦列印的，所以不幸的是，每次對方向你提交協議時，你都要仔細地審讀一遍。在以前，大多數協議都是用打字機打出來的，雙方審讀一遍，圈點一番，然後交給打字員進行修改。當修改後的協議送到你面前時，你通常只需要注意一下那些上次修改的地方就可以了。可如今所有的協議都是用電腦列印出來的，所以每次對協議進行修改時，我們都要重新打開電腦，修改文檔，然

後重新列印一份新協議。

　　這就會產生一定的風險。協議中的某個條款,對方同意進行修改,並表示把修改後的協議寄給你簽字。當修改後的協議被送到你的辦公室時,你可能正忙著做其他事情,所以你可能粗略流覽一下你曾修改的地方,然後就直接翻到最後一頁,在上面簽上自己的名字。不幸的是,由於你並沒有花時間重新閱讀完整的協議,所以你並沒有意識到對方同時已經在其他地方進行了一些修改。他們修改的可能是一些非常重要的地方,比如說把「F.O.B.工廠」修改成為「F.O.B.工作地點」,也可能只是一些細小的用詞方面的修改。這些地方你通常並不會留意,只是許多年之後,當雙方之間的合作出了問題,你需要向律師出示合約時,這些問題才會浮出水面。到了那個時候,你可能根本不記得自己當初同意了什麼,所以這時你只能假設自己當初的確同意了對方的修改。

　　我以前曾認為這種情況出現的機率很低,因為我覺得很少會有人透過偷偷改協定的方式來傷害別人。可當我曾經問過我的學生們是否會遇到這類問題時,讓我大吃一驚的是,居然有 20% 的學生表示自己曾經遇過這樣的情況。

　　有些協議可能有幾十頁長,在審讀這些協議時,不妨考慮使用以下幾個小竅門:

　　1.把兩份協議放在一起進行對比,看看它們是否配對。

　　2.將新協議掃描進你的電腦,用文書處理軟體對兩份協定的文字進行比對。

3. 用文書處理軟體記錄所有的修改。你可以只列印最終的版本，但一定要留意協定上的修改內容。尤其是在那些時間週期比較長的談判中，由於雙方要多次修改協議，所以這點就變得尤為重要。

不管是對方有可能惡意更動合約，或是無意間缺漏了部分細節，都很有可能造成日後雙方合作的誤會，為了確保合作愉快，每一次更動合約時詳細閱讀，就是簽署合約前最重要的工作。契約是個具備法律效益的文件，因此，如果覺得有模糊不清，或是無法苟同的條件，一定要與對手再次確認溝通，並重新清楚地註明在合約之內，千萬不要貿然簽約，否則跌進陷阱中的可能就是你！

7 談判中的讓步模式

談判的過程中不可能不讓步，所以，讓步有讓步的模式。什麼叫做讓步模式呢？

　　假設今天賣方開價 1.5 萬元要賣，買方還價 1.4 萬元要買。這個議價空間是多少？就是 1000 元。假設你是賣方，如何降價呢？一般人在讓步時往往會犯下一個常見的錯誤——那就是等距讓步。就是將議價空間等比例地降價。例如將 1000 元固定四等分，每一次降價 250 元，對方要求你降價就降 250 元，對方再要求，就再降 250 元，他還是不滿意，希望能再便宜點，你又降 250 元，當你這樣降價的時候，買方會怎麼想？

　　他不知道你的底線是多少，但他知道只要一施壓你就降 250 元，一施壓再降 250 元，所以他第三次還要施壓，他第四次還想施壓，第五次還想施壓……因為他每推你一把，就多得到 250 元的優惠，這麼一來，不是激起他更想知道最後能把你推到多遠嗎？而更加得寸進尺。

　　也有人第一次先讓 400 元，留 600 元空間，再看買方是否答應。結果買方不同意，再施壓，這時賣方就突然慷慨爽快地說：「好吧，我就再便宜你 600 元，這樣夠有誠意了吧？」

　　這時候買方會怎麼想？第一次叫你讓步，你降 400 元，第二次你

降 600 元，肯定還有空間。反而讓買方食髓知味，心想應該還可以再殺 100 元，結果呢？賣方一臉為難地說：「到底了。」100 元殺不下來，買方問：「你說剛剛 600 元這麼多都能降了，現在連 100 元也不降嗎？」賣方還是說無法。買方又退而求其次地說：「那再少 10 元總可以吧？」賣方還是拒絕。於是買方不高興地說：「你剛剛 600 元都這麼爽快答應我了，怎麼現在連小小 10 元都不讓步。」這樣的局面對賣方很不利。

還有一種人會認為，1.5 萬元跟 1.4 萬元差 1000 元，他為了表示誠意，他一下子全盤皆讓：「好吧，1000 元就讓你了。」這叫做全面讓步，叫做單邊投降，還沒有讓對方放下武器，你就先放下武器說：為了表示我的誠意，我舉起雙手。這其實是下下策。

以上是讓步三大禁忌：一、等額讓步。二、在最後一次退讓時，做出很大的讓步；三、第一次就讓足所有空間。

所有的讓步模式最好的方法是什麼呢？就是讓步的金額合理，而且有可能導致成交，並且，你也可能在成交的時候，賺到比原來更多的利潤，而且讓到底你都不會全輸，還能為自己保留利潤空間。

談判一開始，你的讓步可以較多、較大一點，但隨著讓步次數增加，你必須越來越緊縮你的讓步幅度，無形中也讓對方意識到你的利潤空間越來越小，已經壓縮到快要沒有更好的條件了。就再以前文例子做說明，你是賣方開價 1.5 萬元賣，他是買方想要 1.4 萬買，中間差 1000 元。

買方希望你降價，你說：「好，我便宜你 400 元。」

這時候對方一聽，說：「才便宜 400 元嗎？不能再便宜嗎？」

你說：「再便宜點也可以，但我實在沒有太多空間了，只能再降 300 元吧。」這個時候賣方的你已經降了 700 元。

買方還是不滿意地說：「不行，你再多降一點，行嗎？」

你為難地說：「實在不行，我已經到底，沒有空間了。」

買方又不放棄地再與你商量：「如果你能再便宜點，我就買。」

你想了一下，一臉糾結地說：「好吧，這次最多只能再減 100 元。。」

這樣算下來，賣方的你一共降了 800 元。但是買方會覺得，第一次 400 元，第二次 300 元，第三次 100 元了，大概已經沒有水分了，應該是真的接近底價了。如果買方這時又再提出讓你讓步的話，你最多只能讓多少了呢？50 元？30 元？還是 20 元？你說：「再讓你 30 元。」他說：「好吧，既然你已經到底了，成交。」

為什麼他覺得到底了呢？因為你讓步的幅度是遞減的：400 元、300 元、100 元到 30 元，結果呢？他覺得應該沒有空間了，可以成交了，事實上 1000 元還剩下 170 元，因為你只讓了 830 元。這樣就讓你以更高的利潤成交，沒有讓 1000 元利潤全部失守。

記住讓步口訣：讓步的時間要慢要拖，不要一下子就答應，讓步的次數要少，讓步的幅度要越來越小。這樣，你既保留了更多的利潤，而且還能讓對方覺得他贏了，你讓他享受到了說服你的成就感，他有面子，你賺了裡子，最終雙贏。

8 談判的結束模式

結束談判的方法有兩種，第一種方法就是談成之後雙方握手時說「我告訴你，剛剛你要是再多堅持一下，我可能就會讓步」，「剛剛你要是再狠一點，我可能會讓步更多。」這是最笨、最白目的結束模式，叫做得了便宜還賣乖。這樣會讓對方懊悔得晚上回家睡不著覺，下一次可能不會想要跟你面對面談判，或是宰你個片甲不留，他會想：「這小子別再給我遇到，下次不要再跟你做生意了。」

那麼，最好的結束模式是什麼呢？

談判結束時，你要恭喜對方，無論你贏了多少，他輸了多少，無論他的談判技巧如何，你都要恭喜他：「恭喜你，你的表現真棒，雖然結果不是我最滿意的，但是，我很高興。因為我跟你學到了很多，你是我見過談判技巧最好的。」

「你是我見過談判技巧最好的人，我向你學到了很多。」你這樣一講完，對方不但覺得他贏了，很有面子，同時，還很沾沾自喜，下一次還會想跟你合作。

無敵談判專家就是你是買方的時候，你用最低價買進，對方還認為他佔便宜了；你是賣方的時候，你以更高價賣出所有產品，對方還認為他佔便宜了。雙贏就是你贏了利潤，讓對方贏了感覺；你贏了利

益，讓對方贏了面子。你贏走了利潤，對方還認為自己占了便宜。談判高手一定會讓對方覺得自己是這場談判的贏家。所以，他們通常是一開始先故意獅子大開口，接著，使用其他讓對方感覺自己是贏家的以退為進策略。最後，更要記得恭喜對方。

雙贏是一個感覺問題，多少錢才叫公平，這是沒有標準的，只要在談判結束之後，買方覺得「真是好險啊，要是對方再強一點，我可能就要出更高價買了，真是太棒了，他讓步了，我佔便宜了。」賣方談完之後覺得鬆了一口氣：「幸好，要是對方再強硬一點，我可能要讓步更多了。」談判的成敗判定很主觀，何謂輸？何謂贏？分際和標準存於兩方自己的心中。談判時，雙方自然會為了爭取自己的最大利益而鬥智，各取所需，雖然每個人拿到的份量和東西並不一定相同，但是因為得到的是自己最想要的，所以才會有爽快的感覺，也才會覺得自己贏了！

如何讓最終的結果令雙方都「覺得」自己贏了，進而將這種滿意的感受延伸至後續的合作，就是談判的藝術。所以，只要談判雙方覺得今天談判贏了，這就是雙贏。只要感覺長存，雙方願意合作愉快，這不就是雙贏的合作，雙贏的談判嗎？

這種創造對方感覺的能力就是本書所教大家最重要的技巧、原則和方法。然而，在許多談判中，談判的結局並不理想。談判者更多的是注重追求單一的結果，固守自己的立場，而從來不考慮對方的實際情況。為什麼談判的人沒有更積極地尋找解決方案，沒有將談判雙方的利益實現最大化？有經驗的談判專家認為，導致談判者陷入上述談

判誤區的主要有如下三個障礙：

1 過早對談判下結論

談判者往往在缺乏想像力的同時，看到對方堅持立場，也盲目地不願意放棄自己既有的立場，甚至擔心尋求更多的解決方案會洩露自己的資訊，削弱討價還價的力量。

2 只追求單一的結果

談判者往往錯誤地認為，創造並不是談判中的一部分，談判只是在雙方的立場之間達成一個雙方都能接受的點。

3 誤認為一方所得，即另一方所失

許多談判者錯誤地認為，談判具有零和效應，給對方的讓步就是我方的損失，所以沒有必要再去尋求更多的解決方案。

針對上述談判的誤區，我們認為，成功的談判應該使得雙方都有贏的感覺。雙方都是贏家的談判才能使以後的合作持續下去。雙方也會在合作中取得自己的利益。因此，如何尋求雙方都接受的解決方案就是談判的關鍵，特別是在雙方談判處於僵局的時候。為了使談判者走出誤區，我們主張談判者應遵循如下的談判思路和方法：

1 將方案的創造與對方案的判斷行為分開

談判者應該先創造方案，然後再決策，不要過早地對解決方案下

結論。比較有效的方法是採用小組討論的方式，即談判小組成員彼此之間激發想像，創造出各種想法和主意，而不是考慮這些主意是好還是壞，是否能夠實現。然後再逐步對創造的想法和主意進行評估，最終決定談判的具體方案。在談判雙方是長期合作夥伴的情況下，雙方也可以共同進行這種小組討論。

② 充分發揮想像力，擴大方案的選擇範圍

在上述小組討論中，參加者最容易犯的毛病就是，覺得大家在尋找最佳的方案。而實際上，激發想像階段並不是尋找最佳方案的時候，我們要做的就是儘量擴大談判的可選擇餘地。此階段，談判者應從不同的角度來分析同一個問題，甚至可以就某些問題和合約條款達成不同的意向，如不能達成永久的協定，可以達成臨時的協定；不能達成無條件的，可以達成有條件的協定等。

③ 找出雙贏的解決方案

雙贏在絕大多數的談判中都是應該存在的。創造性的解決方案可以滿足雙方利益的需求。這就要求談判雙方識別共同的利益所在。每個談判者都應該牢記：每個談判都有潛在的共同利益，共同利益就意味著商業機會，強調共同利益可以使談判更順利。另外，談判者還應注意談判雙方相容利益的存在，即不同的利益，但彼此的存在並不矛盾或衝突。

4 **替對方著想，讓對方容易做出決策**

　　讓對方容易做出決策的方法是：讓對方覺得解決方案既合法又正當；讓對方覺得解決方案對雙方都公平；另外，對方的滿意也是一個讓對方做出決策的方法之一。

　　你要記住，千萬別讓談判對手睡一覺起來覺得：「這小子占我太大便宜了，下一次要找他算帳。」這樣你雖然贏了利潤，卻也輸掉生意了，輸掉了下一次的合作機會。這一套規則如果運用得好，相信你可以拿走最好的利潤，與別人可以合作得更加愉快。

　　當然，你在談判的時候，不只是一位被動的聽眾。積極參與談判活動會給你自己提供激發他人坦誠相待的機會。你不可能奇跡般地把一個惡棍變成聖徒，但是，讓人們顯露出最醜惡的一面，不需費多少工夫就能做到。如果你看上去閃爍其詞，不願直言，或者說一套做一套的，人們也就會覺得沒必要和你好好合作。同樣地，如果你抓住別人的弱點不放，他們就會更加提防你，而讓別人真誠以待的關鍵是讓他們明白為什麼要這麼做。

9 如何解決談判中出現的問題

一、如何應對談判障礙

在談判中有各種問題，第一種我稱之為障礙。什麼叫障礙？這裡的障礙指的是主要意見造成的分歧，對交易造成的威脅。主要是意見不統一，一方說品質才是最重要的，所以必須要維持價格；一方說不行，價格不可以出這麼高，品質要好，而且還需要降低成本。當你與對手談到一定程度，卻因為某一個癥結點無法突破而導致僵局，怎麼辦呢？只要感覺遇到障礙，就可以用迂迴法，不要把談判局限在一個問題上。在這種情況下，一個重要原則就是放下談判的癥結點，並將其它尚未解決的小問題端上檯面。

如果所有的問題都解決了，最後只剩下價格了，那一定是有贏有輸。如果談判桌上多留一些問題，你總能達成協議，使買方不會那麼聚焦在價格上做些讓步，因為你可以回報他一些別的東西。遇到這種情況，你應該盡可能提出其他一些問題，比如發貨，專案，包裝，以便你能透過協商這些條款達成交易，不要讓人覺得整個議案只是一個問題的談判。

舉例來說：當你們對於成交價格一直無法取得共識，這個時候不

如先停下來討論配送服務該怎麼做。先把分歧的意見擺一邊，繞過小障礙，先談小問題，小問題統一之後，就累積了談判的動力。什麼叫做累積談判動力呢？因為小問題不斷達成一致，雙方都會感覺到離成交已經很接近了，於是最後再回來談原來那個主要的分歧，這時候化解障礙會變得比較容易。

不會談判的人，常常會說，這一點談不攏，其他就沒必要談了，先把價格談定，再談其他的；但這樣談判就會陷入死胡同中，我們要懂得用平均值的概念來看談判，若某一點獲利高，你就要把另一點的獲利率降低，讓整體獲利均衡發展。會談判的人都十分懂得繞過難談的，先把簡單的談好，簡單的談好之後，雙方就會願意在這個主要分歧上保持多一點的彈性。這是解決障礙的方法──迂迴法。

 ## 二、如何應對膠著的局面

第二種叫做膠著，就是雙方依然保持對話，卻毫無進展，雙方依然保持對話，卻找不到如何解答的方案。你在跟你的談判對象不斷來來回回，你一句我一句，雖然好像很善意，對談判沒有造成很大的威脅，看起來沒有任何的僵局，但是障礙來來回回始終解決不掉，這種情況就是進入了膠著狀態。

如果雙方在一個議題僵持不下，溝通內容就會落入一個沒有效率的迴圈，雙方的精神會陷入疲乏，這個時候繼續鑽牛角尖是沒有意義的，最好的方式，就是「暫停」一下，讓雙方的思緒得以休息。可以把話題引入容易達成協議的事情上，尤其是那些對方比較感興趣的話

題上，遇到節點的事情可以暫緩留作下次跟進，或者等到客戶心情好的時候再約出來詳談。例如當討論遇到瓶頸時，主管突然說自己肚子餓了，邀請大家一起去用餐，也是一種暫停的手法，讓氛圍與環境先抒緩，之後重返會議時大家就能以較輕鬆的心情去面對。

另外，也可以用輕鬆的話題舒緩一下緊繃的精神，例如：今天雨下這麼大，您是開車來的嗎？有沒有帶傘呢？用這類切合實際生活的話題，既不會讓對方感覺太過突兀，同時真誠地表現出自己的關心，等於是讓整個場面的氛圍轉了一個彎，變得比較活絡而輕鬆，再切回主要議題時雙方的心神就會比較集中。

應對膠著有以下方法：

1. 改變談判地點，午餐再談，晚餐再談，或者晚上放鬆再談。

2. 改變時間，下個月再談，下個禮拜再談，明天再談。

3. 先緩和緊張情緒，譬如說調節一下心情，看一下電視，看一下球賽，聽一個笑話，聽一下音樂，緩和情緒上的緊張。

4. 調整財務上的安排。對方不方便說出來的問題就是錢的問題，你主動調整一下付款方式、價格、付款條件，也許對方心裡正是因為不好講這個。

5. 討論風險分攤的辦法。也許考慮風險考慮得太多，怎麼也做不了決定。你承擔一下，你說這個條款真的做不到也沒有關係，我們不會這麼嚴格懲罰你，我們自己會承擔一些損失，你看怎麼樣？

6. 改變談判場所的氣氛。旁邊說不定有一個很討厭的人，大家就

因為那個人在而不願意很善意地提出解決方案，讓一步，也許把這個人換走，調一個新的人進來。優秀的談判對手不在乎被別人換掉，因為你陷入膠著狀態了，換另外一個人來談，也許對話就進展得更快了。

 ## 三、如何應對僵局

第三種是比較嚴重的，叫做僵局。什麼叫僵局呢？就是談判無力、毫無進展、雙方都覺得沒有必要再談下去了，已經不想談了。

進入僵局了，僵在那裡了，兩家公司都已經不派人談了，也不電話往來了，都不再針對這個問題溝通、協商了，就像兩夫妻不見面了，不講話了，鬧僵了，怎麼辦呢？

通常如果我們和朋友鬧僵了的時候，會用什麼方式做溝通呢？是不是請第三個人做調停。這個人通常具備一些特質，像是對吵架的雙方有一定了解，或是說起話來有公信力。

所以，答案就是引進第三者。什麼叫做引進第三者？甲方與乙方之間已經形成僵局了，所以怎麼談都不是最好的方法，這時需要一個中間人，中間人能幹什麼呢？中間人沒有決策權力，但是不偏袒任何一方，在甲方和乙方之間來回，在乙方面前說服乙方讓步，出比較好的條件，他又說服甲方讓步，出比較好的條件。因為他是客觀的，並不是一面倒地替某一方施加壓力，而是打破原本不上不下的僵局，所以更容易被兩方認可，兩方都選擇比較好的條件。中間人雖然沒有決策權，但是可以引導兩方各退一步。

這種人有一個很重要的前提條件就是必須絕對保持中立，雙方都承認他是第三者才有效。

還有第二種人叫做仲裁人，中間人是沒有決定權，但仲裁人有決定權，買房和賣方陷入僵局，仲裁人買方聽一次，賣方聽一次，說服買方讓步，說服賣方讓步，最後他有決定權，必須誰聽誰，所以雙方更不敢提出不合理的要求，因為擔心仲裁人傾向對方。

一家公司老闆發現兩個業務員搶業務搶得很凶，老闆聽完兩方意見之後不是當第三者，而是仲裁人。所以，仲裁人必須有權力，兩方都相信他不會偏袒任何一方，而且說話有權威，才適合當仲裁人。

仲裁人來回於雙方之間，選擇最好的方案，最後做出決定。仲裁人的權力比較高，中間人是雙方的說客，沒有權力做主。

當你和對方進入僵局的時候，找一個中間人或者仲裁人，否則雙方都下不了臺階。這個第三者並不在雙方合作的環節中，也和談判利益沒有直接關係，但是他一定對談判雙方有一定影響力，甚至有足夠的面子，能讓雙方能夠在某些議題上打破瓶頸，重新再來。其實，引進中間人，比你自己僵在那裡效果好多了，因為對方也知道中間人是給雙方一個臺階下，如果你找對方，擔心對方覺得你讓步了，就派第三者去。

談判技巧可以解決各種問題，你利用僵局讓雙方上談判桌，但是最終目的是要解決僵局，所以成熟的談判高手不會因為怕請中間人出來談，就自己覺得沒有面子，好像先低頭了。

四、如何處理爭執

第四種是爭執。什麼叫做爭執呢？吵起來了，鬧起來了，事情已經進入了非常僵化的階段，雙方情緒很大了。

譬如說，有一個搶匪挾持人質，用槍頂著他的頭，作為員警的你聽到搶匪很憤怒地說：「不准過來，誰走近就斃了他。」他非常憤怒，你是員警，你怎麼跟他談判？

很多人會說，叫他把槍放下，這是錯的；很多人會說，你犯法了，你必須接受制裁，這也是錯的。這時候你不可以激怒對方，否則只會讓事情更嚴重，此時的處理步驟如下：

1 第一步要查明要求

你要保持冷靜地問他：「請告訴我你要什麼。我可以把槍放下，但是你要告訴我你要什麼。」一定要先確認清楚對方要什麼，也許對方只是讓你保證不會傷害他的家人，也許對方只是要你保證他出庭的時候會被保護，也許對方只是要你保證在警察局不會被刑求，也許對方的要求你可以很輕易地滿足，可以馬上答應，這樣就能解救人質了。

2 第二步就是查明狀況

那如果不能馬上答應，該怎麼辦？他為什麼有這樣的要求呢？是什麼情況？屋子裡還有多少人？這時要先將種種資訊查清楚之後，才能進入下一步。

❸ 第三步就是需求妥協

這時候才可以跟他談判，要他讓一步行不行？不答應他的要求行不行呢？你答應放下槍，我就答應跟法官求情行不行呢？你要直升機逃走辦不到，但是可以幫你免除死刑好不好呢？

設想一下：在頒獎大會上，你獎勵公司的最佳員工、最佳銷售冠軍、最佳主管。頒獎完畢，你看到有一個人臉色很難看，板著一張臉，這是其中一個部門的副總，在他吃完飯要離開之前，這位副總拉住你，你問他有什麼事，他說：「董事長，你太過分了，你實在是不要臉的傢伙。我告訴你，我不跟你合作了。」如果你是董事長你會怎麼做呢？這不叫解決障礙，不叫解決膠著，不叫解決僵局，這叫做解決爭執。

你應該問他：「副總，你希望我做什麼？」「副總，你要的是什麼，可以對我說嗎？」你可以直接這樣問。對方這樣盛氣凌人、怒髮衝冠跑過來與你爭執，就表示他有要求沒有被滿足。

你問他：「你希望我做什麼？」

他說：「我的業務員已經得到銷售冠軍了，為什麼他沒有被頒獎？這樣叫我回去如何對我的業務員交代？你給這麼多人頒獎，你必須給他頒獎。」

現在看到這個副總這麼生氣，董事長應該怎麼說？他說：「你的業務員為什麼沒有被頒獎呢？名單中沒有他，他既然不在名單中，我怎麼給他頒獎呢？後來了解之後我才知道，原來是上報業績太晚了，下次別報這麼晚，我們財務部說你每次上報業績報得很晚，這次沒有機會領獎了，下次我給他頒獎，但下次報業績必須提前一天，你可以

辦到嗎？」這就是需求妥協，他得到他想要的，你也得到你想要的。

按照步驟來解決爭執：查明要求，查明狀況，需求妥協。

如果你在辦公室的飲水機旁倒水，突然有一個同事跑過來說：「你這個王八蛋，我要找你算帳。」這時你要做的第一步是查明要求，而不是問他──

「你莫名其妙，你是神經病嗎？」

「為什麼跟我吵架？我又沒有惹你。」

「你憑什麼這樣對我說話？」

不是告訴他：「不要吵，這是辦公室。」這些都不是，你要問：「你為什麼這麼說，你需要什麼，請你告訴我。」對方可能會說：「你上週向我借的 2000 元怎麼沒有還，你上週跟我借釘書機怎麼沒有還。」你答道：「原來是這個問題，放心，馬上還。」

如果對方提的要求你能辦到，就答應他，問題馬上就解決了，根本就不需要跟他吵了，不就化解了爭執。如果他的要求你無法配合，那就要先查明狀況。事實上是你沒有借，而是他搞錯了，那是你的助理借的。那就需要妥協：「你冷靜點，吵架並不能解決事情，我會叫助理還給你，要不然就買一個新的給你。」這樣就解決問題了。

10 如何解決談判中資源配置不均

我曾經給我的學員出了一道思考題：有一家公司要舉辦員工旅遊三天，有一部分人員想去山邊，另一部分人員想去海邊。但是這個活動的目的就是想大家交流感情，自然是不能讓一批人去山邊，一批人去海邊，不利於員工交流，聯絡感情。所以到底去山邊還是海邊好，必須做一個決定，讓大家一起去。

也不能用投票表決，為什麼呢？因為如果投票表決就把公司分成兩派，這一次辦活動的目的為的是凝聚大家的感情，所以絕對不可以用投票表決。如何解決這樣的事情呢？這是一個典型的資源配置不平均的問題。

經過了一晚上的討論，我們總結了五種方法解決這些問題。這五種方法可以解決你事業中、商場上，任何資源配置不平均的問題。

 ## 一、增加資源法

什麼叫做增加資源法呢？可以要求老闆把之後的假也集中到這一次的旅遊來，把三天變六天，旅遊有六天的話，就可以安排三天去山上，三天去海邊，這樣問題就解決了。各位，雙方合作不要去想怎麼分「餅」，而是應該去想怎麼創造更大的「餅」，先不要想怎麼分資源，

應該先想怎麼創造更大的資源。

 ## 二、交集法

什麼叫做交集法呢？有人要去山邊，有人要去海邊，那就先找出這兩組人的交集點。用什麼方法可以找到交集呢？假設我們問想去海邊的人，你們為什麼想去海邊呢？結果發現，原來是想吃海鮮。就可以再進一步問：「你們想吃的是魚和蝦嗎？」為什麼去海邊呢？是想玩水嗎？我們是否可以說，只要有水的地方都是蠻好玩的，只要有水可以玩就沒問題了吧。

接著，我們再問一下去山邊的人為什麼想去山邊，原來他們想要享受森林浴，想吃山中的特產，這樣一路問下來，是不是就能找到他們的交集處了，就是湖邊，為什麼？湖邊可以吃到魚和蝦，同時有水可以玩，同時可以享受森林浴，也是在森林裡面，也有山在旁邊，同時也可以吃山中的特產，是不都滿足了大家的需求了呢？不去海邊，不去山邊，去湖邊，這就是交集法。

兩方意見不統一的人如何協商成功？就是找出共同點，然後雙方折中，不傾向於任何一方的決策，然後在折中過程中滿足雙方共同的需求。

 ## 三、切割法

什麼叫做切割法呢？雙方有很多議題可以談，我們交流切割發現，去山邊的人是想住小木屋，去海邊的人想住五星級大酒店，去山邊的

人想吃山中的特產，去海邊的想吃海鮮；再切割就是交通，一組人想坐火車，一組人偏向坐巴士；再切割，一些人想省錢，一些人想玩得舒適……在這個切割過程中，可以切出很多交通、經費、玩法等等。

　　現在，我們把它切割完之後，一個議題一個議題去談，用切割法談某一個議題。比方說若是你們同意我們去山邊，我們就答應你們不要住小木屋，住五星級飯店，因為那批去海邊的人是想住五星級飯店的。所以，去山邊也住五星級酒店，是否海邊組的人就願意選去山邊的行程了呢？就是這樣，把某一個議題拿出來交換一下，也可以解決問題。

四、掛鉤法

　　另一個方法叫做掛鉤法。什麼叫做掛鉤法呢？想去山邊的人對想去海邊的人說，如果同意去山邊了，我們就答應你們一個條件：例如我們之前不是爭執了很久，公司新進的一批電腦，應該記在哪一個部門帳上，只要答應去山邊遊玩，這20萬元的電腦經費就記在我們帳上。

　　這兩件事本來沒有關聯的，一個是去旅遊的地點，一個是電腦的20萬元經費記在哪個部門帳上；一個是去三天玩的玩法，一個就是公司最近的財務安排，這兩個是毫不相關的事情。掛鉤法就是你答應這件事情，我就答應另外一件事情，兩件事情掛鉤，對方就有可能讓步。

五、降低對方讓步的成本

　　還有一個協商方法叫做降低對方讓步的成本。

　　山邊的人不想去海邊，是因為他們覺得提議去海邊的想住五星級飯店太貴，由於這一次的住宿是員工要自費的，有人願意花錢享受，但某些人經濟沒那麼寬裕，不願意住五星級酒店。海邊組的人想取得勝利，就對山邊組的人說：這樣好了，去海邊玩，我們不堅持住五星級飯店的，等級稍差一點的飯店也可以。對方一聽，這樣住宿的費用就跟住小木屋的花費差不多，於是就達成協議了。降低對方所需要付出的成本，這也是要求對方妥協的方法。

　　以上這種雙贏型的協商可以用在勞資之間，可以用在夫妻之間，可以用在商場上的商業談判，可以用在國家與國家之間的政治資源。

　　假如我們學會談判，我們就可以用談判解決各種矛盾衝突，用談判解決各種可能會引發的危機。有人說談判是不流血的戰爭，既然可以不流血，為什麼要去發動流血戰爭呢？談判並不是一種很對立、很衝突的場面，相反，談判可以解決對立，解決衝突，創造出雙贏。

羅傑‧道森畢生絕學「雙贏談判」已由創富教育
接棒傳承下去。

川普說：羅傑‧道森是我見過少數
幾個天才人物之一。他影響了美國
的商業進程，改變了無數企業的命
運。

《川普成功學》創見文化出版

「在談判中你被授權得越多，你越處於劣勢，有決定權的人反而容易談判失敗。」

「去探究對方最重要的部分，對自己卻無用的讓利空間。用表像讓步，實質上是另一種的交換與雙贏。」

「一旦你有了非要不可的念頭，就註定受制於人，失敗也就在眼前了。」

「聚焦在真正的談判議題，不要讓對方用憑空捏造的假要求來換取你不願意給出的讓步。」

「談判最重要的三個關鍵重點：1. 傾聽 2. 傾聽 3. 閉嘴傾聽。」

「當對方要求你做一點小讓步，一定要順勢要求適當回饋，這樣可以阻止對方不斷要求東、要求西的。」

Power
Negotiation

第 **6** 章

無敵談判技巧

1 蠶食技巧

蠶蟲一次只能吃一小口桑葉，一口只能吃一片樹葉的萬分之一，但是，當你睡一個午覺起來，你會發現整片樹葉已經被啃掉 1/2 了，再去打一場球回來，樹葉已經全沒有了，只剩下葉脈了。這就是侵蝕的力量，也叫蠶食技巧，這種技巧在談判中一樣有效。

懂得運用這個談判技巧的話，你的合約或交易就能談得比原來更好，甚至都已經簽約了，談成了，你再用蠶食技巧，可以讓合約變得比原來更有利，因為，對方可能會答應原本沒答應你的條件。

我的女兒茱莉亞在她高中畢業時，她跟我說：「爸爸，我高中畢業了，同學想去歐洲旅行，我也想去，去五週，就當是我的畢業禮物好嗎？而且我的畢業成績每科都得 A，你就答應讓我去吧，只有來回機票和住宿費讓你出一下。行不行呢？」

我說：「既然你這麼想去，成績也不錯，好吧，我讓你去。」

過了兩個星期，我女兒跑來對我說：「爸爸，三天後我就要去歐洲旅行了，機票我已經訂好了，但是去歐洲玩，我同學爸爸都給他們零用錢，我沒有零用錢怎麼去玩，我總不能在外面一分錢都不帶吧，你給我 1200 元的零用錢吧。」

我想了想說：「出門在外，的確是需要零用錢，好吧。」

再兩天後，預計明天早上八點女兒就要出國了，現在是下午三點，女兒對我說：「爸爸，大家去歐洲旅行，都有新的旅行箱，很漂亮，我這個已經舊了，而且也小了點，我想買一個新的，行不行呢？」

我一聽，想了想說：「好吧，既然要去玩，就開心一點，換一個行李箱吧。」

一個月之內，我這個可愛的女兒把談判要求分成三次談——

第一次，她得到了歐洲旅行機票及住宿費；

第二次，她要到了 1200 美元的零用錢；

第三次，她要到了一個新的行李箱。

這就叫蠶食技巧：當對方同意某項條件後，再慢慢提出更多要求。

現在我們設想一下，如果她一開始就跟我說：「爸爸，我高中畢業了，想跟同學去歐洲旅行五週，第一，我需要你給我來回的機票錢及住宿；第二，我還需要零用錢 1200 元；第三，我想換一個新的行李箱。

各位，如果她一開始就跟我提出這三個條件，我想，我一定會砍價，不會照單全收。

我會說：「去歐洲玩可以，我出來回機票及住宿費，但是零用錢我不可以給 1200 元這麼多，最多就 900 元，省著點用，還有，行李箱雖然是舊的但還能用，不可以買新的。你去不去隨便你，答應我的條件，你就能去了。」

蠶食技巧運用了人的心理，就像一個人推著一個巨大的石頭上山，這個石頭很大，你不得不用盡全力才能把它推到山頂，山頂就是你想

要通過談判達成的目標。一旦到了山頂，你只要輕輕一推就能讓石頭沿著斜坡滾下去。

再舉業務員向客戶推銷車子的例子。通常客戶在成交前，心裡都有一個「要不要買」的思想鬥爭過程，你要客戶買就要不斷地推進，很費力地推上去，推上去之後，讓客戶有了想要成交的確定意識了，你此時的目標就是說動他——「我要買車」、「沒錯，我想在這裡買」。通常此時的客戶處於一種愉悅的狀態、放鬆的狀態，因為他已經承諾你要買了。既然連 80 萬元的車都要買了，你這個時候就可以開始蠶食他了。

於是你對客戶說：「我這裡還有一個好康優惠，你要不要換真皮坐椅，只要加 18000 元。」客戶同意換的可能性變大了。你還可以對他說：「這個汽車腳踏墊才 2000 元，要不要我幫你一起裝呢？」他可能又答應你。你再問他，這個防爆隔熱紙是 5800 元，我覺得你也應該裝一下才對，這樣夏天就不會太熱。他一聽，會說那就裝吧。為什麼會這樣呢？蠶食策略之所以有效，是因為一個人下決定之前，會百般猶豫；但是在下決定之後，又會百般支持。一個人一旦做出了某項決定，他的大腦就會不斷強化這個決定，但是在談判剛開始的時候，他可能會對你的所有建議抱著一種強烈的抵制情緒，可一旦決定接受你的建議後，你就可以藉由蠶食的方式提出更多的要求，例如說要求對方提高訂單金額、升級產品，或者是提供更多的服務……等等。主要是因為一旦雙方達成了最初的協議之後，人們的內心就會產生非常好的感覺，似乎所有的壓力和緊張都在這一瞬間得到了釋放，也就

會更加容易接受你所提出的一些「微不足道」的要求。

　　換真皮坐椅、汽車腳踏墊、防爆隔熱紙，這後面三件要求就是蠶食，前面不要一次性提完，一定要在對方答應了主要條件之後，再去一點一點吃。所以，切記，不要在談判剛開始時就直接提出自己的條件，不妨稍微有耐心一些，等到雙方商談好大部分的條件之後，再提出你自己的要求，並透過收場策略得到你想要的東西。

　　賣方可以蠶食買方，有時候買方也可以蠶食賣方的。怎麼說呢？經過了一番談判之後，好不容易你答應要買了，所以賣方會想，說服你買真不容易，要拿下你這個顧客可真是困難。所以，這個時候你突然向賣方提出要免運費。主要協議都談完，接近成交之後，或者已經成交之後，你突然就來一句要免運費。

　　試想這時賣方通常會有什麼心理？好不容易談成了，他可不想因為這一點拒絕你，又重新談一遍，所以很容易就會答應。他想萬一不答應你的話，煮熟的鴨子飛了怎麼辦呢？所以他的心理從很難成交的變成很容易成交了，他不想再回到爭執協商、討價還價階段了，就會輕易地答應你種種小要求。這就叫做讓合約變得比原來更好，這叫做讓他答應本來他不可能答應的條件。在合約談定之前你提出這樣的要求，他可能會說不可能，免費送貨做不到的。但是談成之後是有可能的，他可能很容易就鬆口：「好吧，免費送貨就免費送貨。」

　　選在正確的時機使用蠶食技巧，就能在談判結束時爭取到你先前無法取得對方同意的條件。這一招很管用，因為當對方做好決定，心態就會一百八十度轉變。在談判開始時，他原本可能完全不想跟你買

東西，但當他決定向你買之後，你就可以蠶食鯨吞地賣給他更大的訂單或要求額外的服務。

　　談判中要熟練運用蠶食策略，因為即便談判雙方已經就所有問題達成共識，你還是可以從對方那裡得到更多好處。你甚至還可以讓對方做一些起初他不願意做的事情。買方可以蠶食賣方，賣方也可以蠶食買方，要求一點優惠，在成交之後再努力一次，要求他多買一些。在成交之後多努力一次，這是談判中一個很重要的、讓利益最大化的原則與技巧。

2 上級技巧

很多人在談判的時候，常常喜歡跟他的上級說，你要給我決定權，我要是沒有決定權，我怎麼去和對方談呢？你給我多一點的權力，不給多一點權力，我談不下來。老闆，你要給我多一點的條件，多一點的讓步空間，要不然沒有權力做主，很難談成。

還有人說，如果我沒有決定權，對方不會跟我談。這也是錯誤的。

在談判中，你最好不要被授權。在談判中你被授權得越多，你越處於劣勢，有決定權的人反而容易談判失敗。你就算有決定權也不要讓對方知道，你要是讓對方知道你有決定權，你就處於劣勢，因為在雙方討價還價、要求你讓步的時候，你要是有決定權，他只要逼你讓步就可以了。你不讓步，他就把局勢弄僵；你不讓步，他就說你這個人太小氣；你不讓步，他甚至怪你這個人太無情。

在對方要求改變提案，要求你讓步的時候，你要說：「這個我要請示上級。」這就叫做上級技巧，是一個拖延決策時間，藉此向對手要求爭取更多優惠的技巧，同時也藉著一個不在場的權威人士施加壓力在對方身上，讓對方知道：這筆生意他如果不多讓出一些利潤，你這邊可能幫不上忙，而上級長官是不會接受的。

當你說要請示上級的時候，對你是有利的：因為你有時間回去商

討對策，你有緩衝時間思考是否答應，你有充足的機會想一個應對的方法，你回來可以對他說：「不好意思，我主管不同意。」

你還可以回覆他說：「上級還要求你怎樣……。」或說：「很抱歉，我也做不了主，還不如你讓步吧，我上級不讓步。」所以，你有決定權就喪失很多籌碼，如果你沒有決定權，你可以拒絕讓步。當你禮貌地將「上位者的要求」搬出來，對方很少會再三為難你，就算對方因而決定讓談判破局，你也可以用：「我會再回報主管請他做最後定奪。」也為這場談判保留了彈性空間。

即使你真的是上級、高層人士，你也要說：「我雖然是董事長，但我需要請示股東，雖然我是老闆，但是需要問部門經理。」也就是說你的上級不一定是上級，也可能是下級。

上級是誰？不要說是董事長，不要說是總經理，不要說是銷售部主管，不要說是採購部主任，不要說是財務經理……就是要把上級模糊化。你的上級單位，應該是個模糊的主體，而非個人。你可以說個人很認可，但是沒有決定權，我要請示上級，他問你上級是誰，你說上級是股東會，上級是董事會，上級是決策委員會，上級是我們員工組成的一個經營發展委員會。讓他找不到上級，要不然他會直接找你上級，逼你的上級就可以了，而不跟你談。把上級模糊化，他就必須跟你談，如果你對他說，上級是我們董事會，他說董事會有誰，他可以找對方談，你可以說董事會人太多，有一些在美國，有一些在歐洲，有一個在加拿大，他不可能全部找，就只能跟你談。

3 良好的溝通：傾聽與提問的技巧

良好的溝通交流能力，是談判者應該具備的最基本的能力，也就是聽、說、問的能力。

傾聽不但可以挖掘事實的真相，而且還能探查對方的動機，掌握了對方的動機，以便調整自己的策略。傾聽時要認真分析對方話語中所暗示的用意與觀點，記錄下模稜兩可的語言以便諮詢對方。再來是要能準確表達觀點。要向對方清楚闡述自己的實施方案、方法、立場等觀點，不談與主題無關的事情，所說內容要與資料相符合，表達要確切。在談判中，問話可以引導對方思路，引起對方注意，控制談判的方向。對聽不清或模稜兩可的話，可以用反問的方式使對方重新解釋。探聽對方的內心思想時，可採用引導性問話以吸引對方思考你的語言。

有些人說話很有鼓動性，說服力強；而有些人說話像催眠曲，使人昏昏欲睡；有些人說話讓你過耳不忘；有些人說話，讓你忘卻了時間；而有些人說話，讓你如坐針氈。如果想提高談判能力，就要不斷提升自己的語言表達技巧，亞里斯多德稱之為語言的藝術。

有一位教徒問神父：「我可以在祈禱時抽煙嗎？」他的請求遭到神父的嚴厲斥責。而另一位教徒又去問神父，他是這樣問的：「我可

以在吸煙時祈禱嗎？」後一個教徒的請求卻得到允許，悠閒地抽起了煙。這兩個教徒發問的目的和內容完全相同，只是語言表達方式不同，但得到的結果卻相反。由此看來，表達技巧高明才能贏得期望的談判效果。

談判的語言技巧在行銷談判中運用得好可以帶來營業額的高成長。

某商場的休閒吧台兼賣起咖啡和牛奶，剛開始服務員總是主動熱情地問客人：「先生，請問您要喝咖啡嗎？」或者是：「先生，請問您要喝牛奶嗎？」然而商店的營業額仍不見成長。後來，老闆要求服務員改換一種問法：「先生，請問您要喝咖啡還是牛奶？」結果商店的營業額一下子成長了不少。原因在於，第一種問法，容易得到否定回答，而後一種是選擇式問法，在大多數情況下，這樣的問法，顧客都會選擇買其中一種。

你想到一家公司擔任某一職務，你希望年薪 2 萬美元，而老闆最多只能給你 1.5 萬美元。老闆如果說「要不要隨便你」這句話，就非常有攻擊的意味，你可能轉身就走。如果老闆不那樣說，而是這樣說：「目前支付給你的薪水，是非常合理的。不管怎麼說，依你目前的等級及能力，我只能給你 1 萬美元到 1.5 萬美元，你想要多少？」很明顯，你會回答：「1.5 萬美元」，而老闆又好像不認同地說：「我認為 1.3 萬美元比較合適？」

你繼續堅持 1.5 萬美元，其結果是老闆投降。表面上，你好像占了上風，沾沾自喜贏得這次的交涉，實際上，老闆運用了選擇式提問

技巧，令你自己放棄了爭取 2 萬美元年薪的機會。

　　談判中的語言魅力，就是要讓對方直覺地感受到，並被它吸引。只要對方被你吸引住，不論是觀點新穎、語言精練、經歷坎坷……，都能將說明主動權掌握在你的手中，勝利豈不是易如反掌？語言的運用技巧有哪些呢？如下說明之：

傾聽的技巧

　　與對方交談，首先就應善於傾聽。尼爾倫伯格明確指出，傾聽是發現對方需要的重要手段。而恰當的提問，有助於傾聽。

　　在人際交往中，善於傾聽的人往往給人留下有禮貌、尊重人、關心人、容易相處和理解人的良好印象，傾聽也是實現準確表達的重要基礎和前提。談判高手往往利用傾聽，首先樹立起自己願意成為對方朋友的形象，以獲得對方的尊重和信任，當對方把你當成了他的朋友，就為達到說服、勸解等目的奠定了基礎。

　　交流的一半就是「傾聽」，即蒐集和整理對方的訊息，分析其真實意圖，並策劃對策的過程。雖然在談判中，說話的權利也許就是實現其目的、意圖的開端，但正是「聽」的需要，才使這種權利變為現實，變得重要！利用「聽」的時間暗自思考，分析對方的真實意圖，並設計相應的對策。只有「會聽話」，才能真正地「會說話」；只有「會聽話」，才能更深入地了解對方，掌握談判的主導權。

　　傾聽是指聽話者以積極的態度，認真、專注地悉心聽取講話者的陳述，觀察說話者的表達方式及行為舉止，及時而恰當地進行資訊回

饋，對講話者做出反應，以促使說話者進一步全面、清晰、準確地闡述，並從中獲得有益資訊的一種行為過程。

傾聽的基本要求是：

① 專注

談判者在會談中，必須時刻保持清醒和精神集中，一般人聽話與思考的速度大約比講話快四倍，所以聽別人講話非常容易思緒不集中；同時，有關研究資料顯示，正常的人最多只能記住他當場聽到的東西的 60% ～ 70%，若是不專心，記住的就更少。因此，傾聽別人講話一定要全神貫注，努力排除環境及自身因素的干擾。

② 注意對方說話方式

對方的措辭、表達方式、語氣、語調，都傳遞了某種資訊，認真予以注意，可以發現對方一言一語的真實意思，真正理解對方傳遞的全部資訊。

③ 觀察對方表情

察言觀色，是判斷說話者態度及意圖的輔助方法。

談判場合的傾聽，是「耳到、眼到、心到、腦到」四種綜合效應。「聽」不僅要運用耳朵去聽，而且運用眼睛觀察，運用自己的心去為對方的話語進行設身處地的構想，並花腦筋去研究判斷對方話語背後的動機。

4 透過某些恰當的方式

如目光的注視、關切同情的面部表情、點頭稱許、前傾的身姿及發出一些表示注意的聲音，促使說話者繼續講下去。

5 學會忍耐

對於難以理解的話，不能避而不聽，尤其是當對方說出自己不願意聽，甚至觸怒自己的話時，只要對方沒有說完，都應傾聽下去，不可打斷其講話，甚至離席或反擊，以免失禮。對於不能馬上回答的問題，應努力弄清其意圖，不宜匆忙表達，應尋求其他辦法解決。

 提問的技巧

除傾聽之外，提問對於瞭解對方，獲取資訊，促進交流也很重要。一個善於提問的人，不但能掌握交談的進程，還能控制談判的方向。

切中要旨的提問，往往能引導談話、辯論或作證的方向，駕馭談判整個過程。提問最基本的作用有兩方面：一是對對方的談話做出反應，將訊息反饋給對方，二是將自己的意圖告訴對方，希望對方做出相應的反應。「提問」與「談判」的目的是密不可分的，適切的「提問」也是談判實力的展現，它容易引起對方的注意，保持對議題（你所希望的）的興趣，往往能使對方做出你所希望的回答。

「提問」的方式分兩種——一種是「封閉式提問」，即回答可以控制，或與提問者預料的結果接近的問題；另一種則是「開放式提問」，係指回答不可以控制、或無法預料回答結果的問題。前者之特

點則是針對性強、方向可調整、氣氛緊張、節奏較快、應答受限；後者之特點是隨意性強、方向難測、氣氛緩和、節奏較慢、應答自由。提問的注意要點為：

1 把握提問的時機

提問的時機包括以下幾方面的要求：

對方正在說話時不要提問，「打岔」是不尊重對方的表現。

在非辯論性場合應以客觀的、不帶偏見的、不具任何限制的、不加暗示、不表明任何立場的陳述性提問。有些老闆、主管在開會一開始就講：「關於這個問題我們的立場是……請問大家有什麼意見？」「這項計畫基本上不再做什麼更改了，諸位還有什麼建議？」等等。這種過早帶有限制的提問，往往給人以虛假的感覺，會讓人覺得既然老闆已經決定了，自己表態還有什麼意義呢？

在辯論性場合要先用試探性的提問去確認對方的意圖，然後再採用直接性提問方式，否則提問很可能是不合時宜的或遭對方拒絕。如談判者可以說：「我不確定自己是否完全理解了您的意思。我聽您說……您是這個意思嗎？」如果對方肯定或否定，談判者才可以說：「如果是這樣，那麼您為什麼不同意這個條件呢？」等等。

有關重要問題要事先準備好（包括提問的條件、措辭、由誰提問等），並設想對方的幾種答案，針對這些答案設計好對策。

對新話題的提問不應在對方對某一個問題談興正濃時提出，應誘導其逐漸轉向。

② 要因人設問

提問應與對方的年齡、職業、社會角色、性格、氣質、受教育程度、專業知識深度、知識廣度、生活經歷等相符，物件的特點決定了我們發問是否應當率直、簡潔、含蓄、委婉、認真、詼諧、幽默、周密、隨意等等。

③ 分清發問的場合

是公開談判還是秘密談判，是個人間談判還是組織間談判，是「場內」桌面上談判還是「場外」私下談判，是質詢還是演講等等，都要求提問者注意環境、場合的影響。

④ 講究提問的技巧

提問要簡明扼要。提問太長、太多則有礙於對方的資訊接收和思考。當問題較多時，每次至多問兩個問題，待對方表示回答完後，再接著往下問。

此外，對敏感問題的提問要委婉。由於談判的需要，有時需要問一些對方敏感的、在公眾場合下通常忌諱的問題，最好是在提問之前略加說明要問敏感問題的理由，這是避免引起尷尬的技巧。如有的女士對年齡很敏感，可以先這樣說：「為了填寫這份表格，可以冒昧問您的年齡嗎？」

提問要給對方思考的時間，不要隨意打擾對方的思路。

談判中針對問題所做的準確回答，未必就是最好的回答，有時回

答越準確，反而對你自己不利。而回答的關鍵在於，「該說什麼」及「不該說什麼」，不必考慮所回答的是否對題。你的回答越準確、越完美，事實上就堵塞了對方對你進行訊息反饋的通路，因為對方不需要再第二次提問，即可獲得許多訊息。

如果你想讓對方明確知道你的回答，其技巧是──「簡潔」；如果你不想明確回答，其技巧則為「儘量多說話」。

如果你暫時不清楚對方的意圖而又必須回答時，技巧是──回答時，加上許多假設條件，且儘量讓這些條件不能實現。如「假如你的話是真的，同時還假定銷售絕對沒有問題，且原物料價格不變，我可以說⋯⋯。當然，即使是這樣，還要看其他情況會不會有意外影響」。

若你在談判中的回答出現漏洞時，不要驚慌，其補救技巧為──責備第三者的錯誤，或歸咎於雙方政策，或聲稱「也許還有一些我不知道的情況和其他原因」。若對方抓住你回答的弱點，並以此要你做出答覆時，技巧是──對這個弱點自我欣賞，避免強辯。

最後是掌握說服要領。要向對方說清楚，一旦接納了自己的意見之後將會有什麼樣的利弊得失，雙方合作的必要性和共同的利益，強調雙方立場的一致性及合作後的雙方益處，給對方鼓勵和信心。

「說服」應是雙方的合作，「說」是己方的手段，「服」才是要求對方的目的。所以，「說」時需讓對方感覺到，每一句話好像都是為了他，每一個詞都是想幫助他的意思，如此一來，他肯定聽你的。

1. 談判過程中在進行說服時，應努力尋求並強調與對方立場一致的地方。對於立場上的分歧，可提出一個美好的設想，以提高

對方接受說服的可能性。

2. 要誠摯地向對方說明，如果接受了你的意見將會有何利弊得失；也需講明假若不接受你的說服，將會有何損失。

3. 談判開始時，應先討論容易解決的問題，再討論可能會起爭執的問題，並且要求把正在爭論的問題和已解決的問題聯繫起來。

4. 若有兩個需要傳遞給對方的訊息，應先傳遞「悅人」、較好的訊息，後傳遞「不悅人」、較壞的訊息。

5. 在提出意見前，應充分把贊成與反對意見的理由都討論一遍。

4 表情技巧

這裡所說的表情技巧，實際上就是我的老師傳授給我的「大驚失色法」，又稱之為「大吃一驚法」。什麼叫「大驚失色法」呢？

有一次，我在度假的時候，一位畫家拉住我說：「先生，先生，我幫你畫一幅人像素描吧。」我看他畫得非常好，於是問他多少錢，他說半小時之內畫好，只要 15 美元。我聽到 15 美元之後，沒什麼反應，繼續看他的其他畫作。

他繼續對我說，如果上顏色的話要另外加 5 美元。我依舊沒什麼反應，繼續東看看西看看。

他馬上又對我說，如果要加畫框的話就再加 5 美元。這個時候我跟他談價非常不容易，因為他已經觀察出我的反應了，正確的方法應該是什麼呢？

又有一次，我到另外一個度假勝地，當時又有一個畫家拉住我說要幫我畫素描。因為我已經學過「大驚失色法」了，所以當時他問我要不要畫畫時，我問他多少錢，他說：「先生半小時幫您畫好，15 元。」我一聽 15 元就很吃驚地大聲說：「哇！竟然要 15 元，太貴了吧。」

你猜後續是怎麼發展的呢？

那位畫家接著說：「上色本來是要再加 5 元的，我免費幫您上色。」

「什麼，你開玩笑吧？就這樣畫一幅畫，上一個顏色要15元嗎？」

畫家接著又試著說服我說：「先生您別急，本來加一個畫框，幫您包裝好，要再加5元的，現在畫框也免費幫您加了。您說好嗎？」

我說：「太不可思議了，還要加5元，才有加畫框嗎？我不幹。」

畫家說是送的，我還是說不要，他說一共才15元，全部都有了。我還是沒鬆口說要畫。

畫家又說：「先生，要不然這樣，10元幫您畫，加上上色，還免費加畫框，怎麼樣？」

我說：「開玩笑，10元？我還是覺得太貴。」我馬上轉身準備離開。

他又說：「先生這樣吧，8元幫您搞定。」

「8元？我考慮考慮。」

他說：「先生，拜託您了，做我們這個沒有什麼賺頭的，零頭小利的。」我就讓他畫了。

看出來了嗎？這就是「大驚失色法」，就是不論對方說什麼、開價多少，都要「哇！」一聲地表示你的驚訝。大部分的人是屬於視覺型；我今天想要成交你，因此開了個價，你立即回以一副「怎麼會這麼貴」的反應時，對方自然會想再釋出一些利多條件來挽回你。

通常當對方開完價之後，他會觀察你的反應，不放過你臉上的表情。如果你對他的報價沒有任何反應，他會認為，你在給他機會；他會以為，你在默許這個價格；覺得你是可以接受這個條件的。而且對

方也很有可能在一開始就對你獅子大開口，因此本來就不期待你會接受他所要求的條件，而你使出「大驚失色法」就像是在警告對手不要得寸進尺，同時確保自己的談判空間不會被壓縮，如果你不適度地表示出驚訝，會讓對方認為，他們對你的要求是有可能被接受的，最後吃虧的只是你自己！

所以，不要覺得利用「大驚失色法」很愚蠢，很好笑，其實這個方法相當有效，不信你下一次買東西的時候試試看就知道了。沒有經過思考和控制的情緒展露，才是不成熟的談判表現。有意識地了解「表現情緒」帶給談判的影響，你就能夠運用各種情緒表現去引導對方走向成交。

5 扮演不情願的角色

什麼叫做扮演不情願的角色呢？

大家想像一個場景：有一天，你正準備開車進入一家二手車行為你的車子估價。你這時車子還沒有開進車行，停在附近打電話和朋友抱怨：「氣死了，這個車老是故障，還很耗油。如果可以把它賣掉，只要有人出價我就賣。」你的打算是這車雖然毛病很多，但是看起來是蠻新的，因為你剛剛才清洗，並美容過這車的內裝。

剛好這時有一對夫婦路過，正巧聽見你要賣車，妻子說：「親愛的，這就是我們心目中想要買的車子。這個車款若是買新的話，是很貴的，現在這個人好像要想拿到二手車店賣，我們乾脆跟他談一下，看他賣多少，直接跟他買。」於是丈夫就說：「好吧，那就先談談吧。」

這個時候，你正好講電話講到一半，突然聽到有人想要買你的車，你立刻把電話放下。這時當然就不能把車開進二手車行，而是要上車假裝要走。這時那對夫妻會叫住你：「先生，請問你的車是不是要賣呢？」

你馬上一臉驚訝地說：「什麼？賣車，這可是我心愛的寶貝，我怎麼可能要賣它呢？我當初花不少的保養費、美容費，這車很難買的，在美國可能停產了，這是進口過來的，是我的心肝寶貝，雖然已經舊

了，但我保養得不錯。我打算等女兒大學畢業，送給我女兒當大學畢業禮物的。你想要買？我一般不賣的，不過看到你們小倆口這麼喜歡，我們也挺有緣的，沒關係，你給我出一個價，如果價格適合的話，我可以考慮一下的。」

這對夫婦如果本來心裡的底價是 50 萬元，想開價 30 萬元，現在他們可能直接放棄一般的開價，直接開 40 萬元。有沒有可能？當然有可能，因為你的反應降低了他們的期望值。你扮演了不情願的賣方。越急著脫手，就越要表現出心不甘情不願的樣子，由於你扮演一個捨不得割愛的賣主，如此一來，在談判還沒開始之前，就先壓縮對方的議價空間，為自己獲取最大利益。我自己的經驗是，當我表現出我深愛我的產品，已經到了捨不得脫手的地步時，對方有時會因此決定棄守一半的議價空間。

接下來是小心不情願的買方。

你是否有過這樣的經歷：有一天你走進一家商店，看到琳琅滿目的商品，就請店員為你介紹或推薦她的主推產品。她說這款是歐洲進口、這款是德國進口、這款是日本進口，服務如何、包裝如何、品質如何……。她已經花了很多時間介紹了，你表現得很感興趣，但是沒有承諾要買，請她再多介紹幾款，雖然你已經決定買哪一款，價格也看好了。這個時候，你對這個正在進行介紹的店員說：「謝謝，你非常熱情，表現得非常好，但是這個價格我需要再考慮：然後你轉身就準備走出這家店，你回頭看了一下，你會看到這個售貨員心情沉重的樣子，百般不情願地把商品擺好，她也很無奈地歎了一口氣，因為她

剛剛花了這麼多時間，充滿期望地介紹貨品，現在因為價格問題談不成，當你走到門口的時候，一腳踏出門口，另一隻腳還沒有踏出的時候，記得要回頭來一句，我稱之為「魔咒」：「小姐，看你這麼熱情介紹產品，我真的不忍心就這樣走出去，雖然我喜歡這個產品，但價格我不太滿意，不過，如果你能再重新報一個價，如果價格合理的話，我可以考慮考慮。

　　你把這一段話說出來之後，如果對方不太會談判，她可能會迅速地放棄一半的議價空間，當然這個時候她會先說先生你回來，或者小姐你回來。她會重新再報價，你會相信是底價嗎？當然不是底價，但是這個方法會降低對方的期望值，懂得談判的人會說：「先生回來吧，這樣的價格基本上沒有什麼彈性，不過，你告訴我，你最高多少會買，我問老闆同意不同意，如果老闆答應的話我馬上回來告訴你，好不好呢？」因為這個店員比較會談判，她馬上會反過來讓你出價，你會在實際體驗中發現，這個懂談判規則的人會反制你各種招數。當然你也可以學會反制招數，再反制回去。

　　小心不情願的買方和扮演不情願的賣方，用這個方法先發制人，可以套出對方的議價範圍，用這個方法至少會降低對方的期望值，讓對方讓掉很大的議價空間。

6 透露資訊的藝術

常常有人在談判中一點資訊都不透露給對方，這樣好不好呢？也不一定好，為什麼？因為你總不能在談判中一言不發，永遠保持沉默，讓人絲毫感覺不到你的誠意和信任感，對方問什麼你都不講。講真話好不好？可能也不好，為什麼呢？因為什麼都講真話，如果想勝利就不容易了。如果全部講假的話呢？可以講假的，因為談判中虛虛實實，兵不厭詐。問題是全都講假話好嗎？也不好，萬一謊言不攻自破，沒有臺階下，那怎麼辦？所以真假參半是原則。那麼如何給別人資訊呢？

不能全真，也不可以全假，如何給別人情報？給情報的時候，不可能全真，也不可能全假，要真假參半，虛虛實實，談判中有一種技巧叫做虛虛實實，這就是給情報的技術——虛張聲勢。舉例說什麼叫做虛張聲勢呢？例如對小孩說：「不能出去玩，要是出去，老爸就把你的腿給打斷。」你們覺得給這種資訊是真還是假的？當然是假的，你總不會真的把小孩的腿打斷了。有些事情你真的不會去做，但是你講出來，可以產生效果，對方聽了這些資訊之後，會做出某些妥協和讓步。

這種給資訊的方法，我們都稱為虛張聲勢。有時候不可以講得全

假，講太多假的就沒有退路了。對方問你有沒有庫存，想如果庫存多，你會算便宜點。你說：「沒有了，貨都不夠了。」這樣講就是想抬價，不是降價。你說沒有貨是一種假象，是為了讓別人出更高的價格，但是萬一你講太多這樣的話，有一天，滯銷賣不掉，拿出來降價，這樣謊言就不攻自破了。有時候可以說沒有貨，有時候說貨到了，要看情況而定。

　　假設今天車子壞了，送去原廠修，修好後你開回家沒多久，你發現又故障了，沒想到是電瓶有漏洞了。你心想一定是原廠沒有幫你檢查好，沒有修確實，沒想到花了一筆維修費還是沒把車修好，於是你把車開回去，想找店家要個說法。

　　原廠一看剛剛修好的車怎麼又回來了，有些緊張，結果一檢查才發現，電瓶的確出了問題，但是他不確定是剛剛沒有幫你修到，沒有檢查到，還是車主自己弄壞的。這個時候就需要開始談判了，他到處檢查到處看，這個動作是為了顯示他不知道哪裡壞了，也不知道哪裡出問題。他東檢查，西檢查的動作是在虛張聲勢，結果檢查了一段很長時間後，他跑過來對你說不知道哪裡有問題，還說他們配合的維修廠家不好，經常出這種狀況。這時你會跟著幫著他罵廠家，站在對方的立場，緩和對方的情緒。罵了之後，老經驗的師傅過來打圓場說是出了問題，這個廠家就是這樣，電瓶都修好還有問題。最後他說：「這樣吧，拖車回來的費用我們幫你出，檢查費不用你出，現在我們把手上的工作都停下來先修您的車，且不收您工錢。但是材料費您還是要付的。」這個時候你可能一看對方讓步，你也就讓步了。

　　原廠的這一系列動作就是在虛張聲勢，虛張什麼聲勢呢？他幫著你罵車廠不好，常常出各種狀況，常常說車修好了又被車主退回來，這就是一種虛張聲勢，在他不知道這個電瓶是不是他應該負責任的時候，他先擺脫這樣的責任，先表示這個很麻煩之後，降低了他要負的責任，而免費維修的意圖，是為了減弱你想要車廠免費換電瓶的想法，降低你的期待；店家後來又表示：雖然目前手上有很多工作，但還是先停下來，先修你的車，這也是虛張聲勢，也許他們手上沒有其他工作；他說手上有很多工作，可以先免費維修，這也是一種虛張聲勢，然後告訴你說，不是免費給你修的，但他可以給你免費修，不是義務幫你修的，但他願意義務幫你修，但是材料需要你出，這就是保護自己，因為他是內行，你是外行，在資訊上他有優勢，你不懂你就處於劣勢，以下是常見的應用：

　　虛張聲勢在談判中常常用到。

一、虛張意圖

　　你可以看到對手假裝有種要懲罰你的意圖，假裝要有制裁你的意圖。他是虛張意圖，他並不是想要這樣做，例如他說要斷貨了，事實上並不是要斷貨了；他說要漲價，扣保證金，事實上他並不是真的想這樣做。可能這個意圖是虛張的。

二、虛張能力

　　他沒有這個能力，比方說他說月底到貨，他說有能力找到別家代

理，即使他不同意我的條件或要求，他也可以找別家代理，事實上他找不到，這就是虛張他的能力。

或者在資源上的虛張，他告訴你他有很多人脈關係，有很多專案等他，有很多政府關係，他在資源上想壯大自己，事實上未必是真的。

 ## 三、在依賴上虛張

他不斷灌輸你有多依賴他，你沒有他不行。有沒有聽過很多人這樣要脅你：「沒有我你絕對做不下去，沒有我支持你做不下去，沒有關係你根本做不下去。」

或者在制裁上虛張，他強化對你的制裁，他放大對你的制裁，他告訴你要這樣恐嚇你，也許未必是真的。

這些都是你有可能給別人，別人也有可能給你的，你要知道對方知道你多少，這樣你才能辨別真偽。

他瞭解你多少資訊，這叫知彼知己。你還要知道對方還不知道、不清楚你的部分是什麼，這就是你可以虛張的，你才可以成功給他假情報。知道對方多少之外，還要知道對方不知道多少。不可以只知道對方一些基本情報，還需要知道對方知道你多少，不知道你多少，還需要知道對方知道你知道他多少。你研究別人知不知道你的資訊，他也會研究你知不知道他的資訊。你如果對他表現得一無所知，事實上你知道很多，想套他話的，你如果不知道對方什麼東西，但你假裝很懂，對方知不知道你的心理呢？這些都是要你去收集調查和判斷的。

我們寧可選擇沉默，也不要過多說謊，但要預防別人對我們說謊。

Power Negotiation

7 避免對抗性談判

在談判桌上，雙贏談判對雙方來說，都是一次合作的機會。談判目的在於解決雙方的分歧，加強彼此的關係，相互承認對方的正當利益，就如同承認自己的利益一樣，盡可能地擴大雙方的利益，把蛋糕做大，令雙方都滿意。

然而如果是有贏有輸的談判，雙方相互拆臺，互相競爭，將談判看成是一次遊戲，利益固定的遊戲·贏家便可獲得較大的收益，輸家獲益很少。相互不承認對方的正當利益，甚至想讓對方犧牲一定利益，己方獲取最大的利益。這樣，對他們來說，談判是一次比賽，充斥著分裂和強權。

談判中出現分歧是很正常的，互有分歧的雙方要達成協議並非易事。古希臘的辯證教育分為三個步驟：提前假設，聽取反證，得出彼此都能接受的「真理」。在澳大利亞，法律體系、國會甚至工資評定都是按這種模式建立的。這種體系更多的是衝突，而不是用和解的方式尋求最佳結果。可問題是，大部分人在談判時，應對的是同樣的遊戲規則，就是下定決心要贏或是擊敗對方，一般都沒有考慮自己的行為，一旦知道對方的真實想法後，便瞠目結舌了。按這種方式，即使達成了協定，協定也不會持續很久，因為失敗的一方認為自己虧了，

心裡很不舒服，便想方設法用另外的方式向對方索取損失。如果是商場上，雙方的關係會破裂；如果是婚姻，出現不和諧之音，難免以離婚收場；若是政治，便種下了戰爭的禍根。

很多成功的談判往往來自對雙方關係的投資。俗話說「低頭不見抬頭見」，現在的談判對手或許就是你未來的談判夥伴。實際上，幾乎在所有的卓有成效的談判中，談判取得成功後，雙方都會保持著良好的關係，如大多數的商務談判或個人談判，這種談判不像買房或汽車那樣，只有一次。因此，彼此應該建立信任關係。可是在一方表現強權或是想支配另一方時，彼此就不會有信任感。只有達成雙方都滿意的共識，才會出現雙贏的局面。

因此，對於談判來說，雙方自始至終都保持良好的關係非常重要，你在談判剛開始時的表現往往可以為整個談判奠定基調。從你的言談當中，對方很快就可以看出你是否有意向達成一個雙贏的解決方案，或者還是要盡全力為自己一方爭取到最大的利益。律師在談判時往往就具有這個特點：他們通常都是一些非常喜歡對抗的談判者。當你收到律師函時你不禁會想：「律師函，哦，不，這次又出了什麼問題啊？」打開信封，你會看到什麼？你會看到威脅的字眼。他們會告訴你──如果你不答應他們的要求，他們就會準備如何對付你。

律師通常是對抗型談判者。

記得有一次，我舉辦了一場談判培訓課，有 50 名律師參加，他們負責的領域是醫療事故訴訟。在我的印象當中，雖然律師的主要工作就是談判，但幾乎沒有一位律師喜歡參加談判培訓課程──這 50 名

律師也不例外。

　　他們所屬的事務所明確地告訴這些律師，希望他們能夠參加這次培訓，並且告訴他們，如果不參加培訓，他們將很難再接到案子。律師們只好讓步，可在他們的內心深處，他們並不喜歡把時間浪費在培訓上。可培訓開始後，他們就立刻變得興趣十足，十分投入。

　　我讓他們做一些假設，一位女士因為一起醫療事故把一名外科醫生告上法庭，然後讓大家就這起案子展開討論。

　　我簡直不敢相信接下來發生的事情：這些律師個個咄咄逼人，他們一開始就威脅對方，然後步步升級，最後甚至破口大罵，以至於我不得不終止這個練習，並告訴他們，如果真想以較低的成本結束這起案子，他們在談判的開始階段就不應該如此咄咄逼人。

　　在談判剛開始時，說話一定要十分小心、謹慎。即使你完全不同意對方的說法，也千萬不要立即反駁。反駁在通常情況下只會強化對方的對立關係。所以你最好先表示同意，然後再慢慢地使用「感知、感受、發現」的方式來表達自己的意見。

　　剛開始時，你不妨告訴對方：「我完全理解你的感受。很多人都有和你相同的感覺。」這樣你就可以成功地淡化對方和你較勁的心態。你完全同意對方的觀點，並不要立刻進行反駁。最後你可以這樣說：「但你知道嗎？在仔細研究這個問題之後，我們發現……」請看以下幾個具體的例子。

　　比如說你在推銷某種產品，客戶說：「你的價格太高了。」這時如果你和對方爭辯，他就會拿出個人的親身經歷證明你是錯的，他是

對的。但是，如果你是這樣回應對方：「我完全理解你的感受。很多人在第一次聽到這個價格時也是這麼想的。可仔細分析一下我們的產品和價格，他們總是會發現，就當前的市場情況來說，我們的性價比是最為合理的。」

再比如你在應徵一份工作，人力資源主管告訴你：「我感覺你在這個行業並沒有太多經驗。」如果你反駁說：「我以前做過比這個更有挑戰性的工作。」對方很可能會把你的話理解成「我是對的，你是錯的」。這時對方就會被迫捍衛自己的立場。所以你不妨告訴對方：「我完全理解你的意思。還有許多人也是這麼說的。可我一直以來做的工作和現在貴公司的空缺職位有很多共同之處，這些共同之處可能並不是那麼明顯，是不是我可以讓我向你詳細解釋一下。」

或者你是一名推銷員，買家告訴你：「我聽說你們的物流部門出了點問題。」這時如果你立刻反駁，反而會讓對方懷疑你的客觀性。所以你不妨告訴對方：「是的，我也聽說這件事情了。我想這個謠言幾年前就已經開始流傳了，當時我們公司的倉庫正在遷址，所以的確出了一些問題，但現在就連通用汽車這樣的大公司也與我們有合作，所以我們並沒有什麼問題。」

對方還可能會說：「我不相信那些近海國家的供應商，所以我想我們還是應該把這個工作機會留給本地人。」你越是爭辯，對方就越會拼命捍衛自己的立場。此時你不妨告訴對方：「我完全理解你的顧慮，因為最近這段時間很多人都有同感。但你知道我們發現什麼了嗎？自從第一次在泰國完成組裝之後，我們在美國本土的工作機會增加了

42%，因為⋯⋯」所以千萬不要一開始就直接反駁對方，那樣只會導致雙方的對抗，一定要先表示同意，然後再想方設法扭轉對方的看法。

前英國首相邱吉爾很早就明白這個談判策略：先同意，再反駁。他是一個非常了不起的人，但同時也有一個很大的毛病——他喜歡喝酒。所以他總是和提倡禁酒的阿斯托夫人鬥嘴。一天，阿斯托夫人走上前來，說道：「溫斯頓，你又喝醉了，真讓人討厭。」邱吉爾是一名談判高手，他知道不應該立即反駁阿斯托夫人，於是他說：「阿斯托夫人，你說的沒錯，我的確喝醉了，但到了早上，我就會醒過來，而你卻會一直讓人討厭下去。」

在舉行講座時，我有時會讓坐在前排的某位學員站起來。我伸出自己的手掌，面向那位學員，讓他與我四掌相對，然後我會開始慢慢加大力量，對方自然而然地就會同時加大反抗的力量。當你向一個人發起攻擊時，對方自然也會發起反擊。同樣，當你直接反駁你的談判對手時，對方自然就會奮起捍衛自己的立場。

「感知、感受、發現」的美妙之處在於，它可以讓你有更多時間用來思考。假設你正坐在一個酒吧裡，一位女士告訴你：「即使這個世界上只有你一個男人，我也不會讓你請我喝一杯酒。」以前從來沒有人對你說過這樣的話，所以你感到十分震驚，你不知道該怎麼回答。但如果你已經掌握了「感知、感受、發現」的方法，你就可以告訴對方：「我知道你在想什麼，許多人也都有同樣的感受，可我發現⋯⋯」到了這個時候，你通常就會想出該說些什麼。

同樣地，有時候你也會遇到一些非常倒楣的情況。比如說你是一

名推銷員，你撥通了一位客戶的電話，希望能和對方約個時間好好談一談，可對方卻說：「我才不想和一個滿嘴謊話的推銷員浪費時間呢！」這時你可以平靜地告訴對方：「我非常清楚你的想法。許多人也都有和你一樣的想法。可是……」這時你會發現自己恢復了鎮定，也知道接下來該怎麼做了。

8 一定要索取回報

記住，在談判過程中，無論在什麼情況下，只要你按照對方的要求做出一些讓步，就一定要學會索取回報。當對方要求你做一點小讓步，一定要順勢大膽要求交換條件，索取適當回饋。最重要的是，這樣可以阻止對方不斷對你要求東、要求西的。我相信，只要你掌握了這一策略，第一次使用，它所帶給你的回報將是數倍於本書的定價。從此以後，這一策略每年都會帶給你不可抗拒的滾滾利潤。

比如說你打算賣房子，買方問你，他們是否可以在交屋前三天就把傢俱搬進你的車庫。雖然你並不希望對方在交屋之前就搬進來，可你還是覺得可以讓他們提前使用車庫，這樣會讓他們對這所房子投入更多的情感，大大減少節外生枝的可能性。所以你幾乎想一口就答應他們的要求，但請記住：無論對方要求你做出的讓步多麼微不足道，也一定要請對方做出一些相應的讓步。比如說你可以告訴他們：「讓我與家人商量一下，看看他們有沒有意見。但我想問一下，如果我們答應了你的要求，你能回饋我們什麼？」

假設你是一家鏟車經銷商，一家大型倉儲式五金器具商店從你這裡下了一筆大訂單。他們要求你在開幕之前 15 ～ 30 天內送貨上門。可是沒過多久，對方經理又給你打電話：「我們商店提前完工了，所

以我們要把開業日期提前到復活節那個週末。我想知道你們能否想辦法在下個星期三就把鏟車送來？」可能你心裡想的是：「這太好了。那些鏟車就在那裡等著發貨呢，最好能夠儘快送過去。」但是，我還是想勸你一定要讓對方做出回報。你可以告訴對方：「坦白說，我也不知道我們能否提前送貨。我必須和我的人員商量一下，看看他們怎麼說。但我想先問一句，如果我們能夠提前送貨的話，我們能換得什麼好處？」

　　接下來會發生什麼呢？你很可能會得到你想要的。買你房子的那個人很可能會願意增加預付金，可能會買下你全部的舊傢俱。那家五金工具連鎖店的老闆可能會想：「天哪，這下可麻煩了。我們怎樣才能讓他們提前把鏟車送來呢？」所以他們決定做出一些讓步。他們可能會說：「我會讓財務部今天就給你開支票。」或者是：「如果你能夠提前送貨的話，我們 12 月份在底特律開幕的那家分店也會從你這裡訂貨。」

　　透過要求對方做出回饋，這樣能讓你所做出的讓步更有價值。既然是在談判，為什麼要免費讓步呢？一定也要讓對方做出同樣的讓步。你可能很需要這一點。這樣當你與買房子的人交屋時，如果他發現某個燈的開關出了問題，你就可以告訴他：「你知道讓你們把傢俱搬到車庫裡有多麻煩嗎？既然我們答應讓你這麼做了，我希望你也不要太計較這點小毛病。」或者當你以後去五金工具商店時，你可以告訴對方：「你還記得嗎？去年 8 月，你想讓我們提前把鏟車送來，我們做到了。你知道我費了多大勁才說服那些傢伙嗎？既然我們幫了你這個

忙，你們就別讓我一等再等了，還是今天就簽支票吧，好嗎？」

該策略還可以成功地幫你避免不必要的糾紛。如果對方知道每次讓你做出讓步都要付出相應的代價的話，他們就不會無休止地讓你一再讓步。我不止一次地遇到學員來到我面前向我訴苦，或者是給我的辦公室打電話：「道森先生，能幫我一個忙嗎？我這裡有一筆好生意，但他們總是要讓我做出一些讓步。我總是告訴他們，『好的，沒問題』。可一個星期之後，他們又打電話來讓我再讓一小步，我告訴他們，『好的，我想沒問題』。從那以後，同樣的情形就接連不斷。現在看起來，好像整筆生意都要泡湯了。」事實上，對於這位學員來說，對方第一次提出要求的時候，他就應該問對方：「如果我幫你一下的話，你能為我們做些什麼呢？」

簡單來說，就是不論在任何時候，只要對方在談判時要求你讓步，你都應該立刻要求一些條件做為回報。舉例來說，就是要多運用以下的句型：「如果你可以提供多一些折扣，我就多購進一些你的產品。」、「如果你增加一年的售後服務，我就現在與你續約。」、「如果你免費提供貴公司的新產品 1000 份作為贈品，我就提供我們的通路資源替你促銷。」……等。

我曾經為一家名列《福布斯》排行榜前 50 名的公司培訓過 50 名頂級銷售人員。他們都是來自該公司的大客戶部門，其中一名參加過我培訓的銷售人員不久前跟一家航空製造商做了一筆價值 4300 萬元的生意。

那位副總裁，專門負責該公司大客戶部門。有一天，這位副總裁

走上前來告訴我：「道森先生，索取回報是我們迄今學到的最有價值的策略。我參加過許多培訓班，本來以為自己已經無所不知了，可從來沒有人告訴我一定要在讓步之後索取回報。這種技巧一定能為我們節省上百萬元。」

　　一定要按照我所說的方式使用這一技巧。哪怕只是改變一個字，效果可能都會截然不同。比方說，本來應該說：「如果我們為你做了這個，你會為我們做些什麼呢？」可是你說成，「如果我們為你做了這個，你也必須為我們……」這樣一來，雙方就會變成一種對抗關係。你在談判過程中一個非常敏感的環節——當對方遇到麻煩，希望你能提供說明時——製造了一種對抗情緒。千萬不要這樣做，你或許認為如果告訴對方你想要什麼，那麼你所得到的回報會更有價值，可是並非如此，你必須讓對方提出建議，這樣才能獲得更多。

9 注意對方的肢體語言

肢體動作是相當微妙的訊息傳遞，不單只是傳遞訊息給他人，也是對自我潛意識的訊息傳達。抬頭挺胸，會讓我們看起來更為精神，而彎腰駝背，則會讓一個人顯得猥瑣和疲乏。這些細微的動作，當事人可能毫不自覺，甚至他們本身性格也不一定符合這些偏見印象，然而不經意的小動作，卻最能夠直接牽動人們的既有認知，讓很多人第一眼就被莫名地貼上標籤。

如果你有習慣搔頭的小動作，若在客戶面前，不斷無意識地重覆，客戶就會覺得你不穩重，沒有信心和缺乏確定感。或是有人習慣雙手抱胸，這會給對方一種自大、不尊重他人的感覺。這些小動作或許你是出於無意，但在短短時間之內，類似的動作不斷重複時，就會讓客戶有機會把一塊塊的拼圖，拼出一個他們想像中的你。而這個假想中的你，能不能讓他們放心合作，就是肢體動作營造形象的重要性！

了解肢體語言　，就等於是掌握了一項談判優勢。以下是透過一些人的小動作或肢體語言去解讀一個人的參考：

 ### 搖頭晃腦

日常生活中常見有人用搖頭或點頭以示自己對某事某物的看法，

這種人特別自信，以至於唯我獨尊。他們在社交場合很會表現自己，對事業勇往直前的精神讓人佩服。

 ## 邊說邊笑

這種人與你交談時你會覺得非常輕鬆愉快。他們大都性格開朗，對生活要求從不苛刻，追求「知足常樂」，富有人情味，感情專一，對友情、親情特別珍惜，人緣較好，喜愛平靜的生活。

 ## 掰手指節

這種人習慣於把自己的手指掰得咯嗒咯嗒地響。他們通常精力旺盛，非常健談，喜歡鑽牛角尖，對事業、工作環境比較挑剔。如果是他喜歡做的事，他會不計任何代價，踏實努力地去執行。

 ## 腿腳抖動

這類人總是喜歡用腳或腳尖使整個腿部抖動。最明顯的表現是自私，很少考慮別人，凡事從利己出發，對他人很吝嗇，對自己卻很大方。但是很善於思考，能經常提出一些意想不到的問題。

 ## 拍打頭部

這個動作多數時候的意義是表示懊悔和自我譴責。這種人不太注重感情，而且對人苛刻，但對事業有一種開拓進取的精神。他們一般心直口快，為人真誠，富有同情心，願意幫助他人，但守不住秘密。

 **擺弄飾品**

有這種習慣的人多數是女性，而且一般都比較內向，不輕易使感情外露。她們的另一個特點是做事認真踏實，舉凡有座談會、晚會或舞會，人們都散了，但最後收拾打掃會場的總是她們。

 **聳肩攤手**

習慣於這種動作的人，通常是攤開雙手，聳聳肩膀，表示自己無所謂的樣子。他們大都為人熱情，而且誠懇，富有想像力，會創造生活，也會享受生活，他們追求的最大幸福是生活在和睦、舒暢的環境中。

 **抹嘴捏鼻**

習慣於抹嘴捏鼻的人，大都喜歡捉弄別人，卻又不敢「敢做敢當」，愛好嘩眾取寵。這種人最終是被人支配的人，別人要他做什麼，他就可能做什麼，購物時常常拿不定主意。

10 識破談判謊言

談判者往往不會把他們腦中所考慮的事情全盤托出，這樣做自有道理。保留部分資訊、不全盤托出是出於自我防衛。如果賣方將他的底細洩露出來，他將為此付出代價；而如果買方把他必須得到的東西洩露出去，他也可能會被敲竹槓。同樣地，在談判桌上，當有人假裝無權做出決定，或者是信口許諾卻無意兌現承諾，那麼這種欺騙也會導致敵意的產生。

　　這也就是許多經理人在面臨很多問題時喜歡選擇面對面會談的原因。他們認為，透過看對方的眼睛或是感覺握手的力度即能判斷對方的誠意和承諾。談判者對一項要求做出讓步，是因為他「眨了眼」而被對手乘虛而入（對手認為這是他心虛的表現）。而如果談判方達成了一致，則是因為他們「彼此對視」的結果。

　　可是事實上，大多數經理人根本不像他們想像的那樣善於識別他人是否在欺騙，不管這種欺騙是惡意的，還是僅僅出於自我防衛的考量。有時，他們意識不到自己被玩弄於股掌；而有時，他們又會對完全講真話的人亂加猜疑。

　　以下將分享一些區別謊言與真理的技巧，為談判者指點迷津：

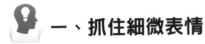

一、抓住細微表情

地處舊金山的加州大學醫學院的教授保羅‧埃克曼（Paul Ekman）率先發起了一項他稱之為「細微表情（micro-expressions）」的研究。一時的臉紅或抽動，這些轉瞬即逝、不經意流露出來的面部動作表情，只有在電影的定格畫面中才能捕捉到，大多數未受過訓練的一般人是無法注意到的。

事實證明，細微表情是可以捕捉到的，其竅門在於你要知道該注意哪些表情。人們往往根據一些錯誤的線索對他人做出草率的判斷，這種判斷失誤的風險始終存在。比如，有關研究駁斥一種風行一時的觀點，即目光遊移不定就是欺騙的跡象。害羞、缺乏自信，以及文化習俗都可以解釋人為什麼會轉移目光。在美國，目光接觸表示關注和興趣，而在非洲的一些地方，在日本和韓國，避免目光接觸是一種尊重的表示。因此，根據一種表情來判斷一個人有沒有說真話，這樣做是錯誤的。我們必須把每條線索、每種跡象放在一起來綜合判斷，才能得到比較客觀、可信的印象。

二、問合適的問題

在談判中，如果問「這真的是你能提供的最好條件嗎？」這樣的問題，答案總是「是的」。沒有人會回答說：「這個嘛，實際上，不是這麼回事。我只是希望你會這麼想。」更好的策略是給對方留有託辭的餘地。如果有人對你說：「要不就接受，要麼拉倒。」那麼，你姑且不要把這句話當真，你可以馬上提出你的建議。最後通牒是否真

的，要看下通牒的人是否願意考慮其他的選擇方案。最終還是要靠你來提出這些選擇方案。

判斷對手是否在欺騙，也可以看在他談判桌上沒說的事是什麼。有些人覺得道義上必須真實地回答對方直接向他們提出的所有問題，但又覺得沒有必要主動提供資訊。而探討所有問題的重任落在你的肩上。當你就分類廣告上發現的二手車進行議價時，你或許會問賣方：「關於這輛車，還有什麼需要告訴我的嗎？」如果你發現這輛車有點問題，而賣主並沒有主動向你提起這個問題，那麼，你就有理由懷疑賣方是否誠實。

 ### 三、全面看待問題

無論你多麼瞭解一個人，你都不可能知曉他所有的想法和感情。考慮到在談判中人們會運用策略以掩飾自己的真實意圖，你更是難以識得他們的廬山真面目。

在談判時，就有必要對你的談判對手做更進一步的判斷。有些新發現會讓你覺得愉快，而有些則不然。無論發生哪種情況，如果你能準確評估你的談判對手私下在想什麼，那會對你更為有利。

威廉・尤瑞（William Ury）在他的一本暢銷書《Getting Past No》中建議參與談判者「走上樓去縱覽全域」。這是說在心理上你要能夠同時身處兩地：在中心舞臺時，熱情參與談判，同時又能夠脫出身來充當一個旁觀者，在一旁觀看整個談判的進程。當你的對手在詳述他的要求時，你也應該保持同樣的態度。不要只關注談判者所述內

容，而且要注意看他是否顯得堅持、有信心，是否在自我防衛，有沒有顯得惱火，或是兼而有之。接著，你就能夠有效地做出判斷，看看你的對手真正需要什麼，想要什麼。

 ## 四、磨礪你的技藝

談判無法提供很好的回饋，來證明你的表現是優還是劣。當面臨談判的僵局時，你很難知道自己是否忽略了一些巧妙的解決辦法，還是本來就不存在達成交易的可能性。而當你達成協議時，你常常不能確定自己所得到的利益是否公平。有關你判斷他人是否真誠的能力，更難從談判中得到真正的回饋。

當然，你在談判的時候，不只是一位被動的聽眾，積極參與談判活動會給你自己提供激發他人坦誠相待的機會。你不可能奇跡般地把一個惡棍變成聖徒，但是，讓人們顯露出最醜惡的一面，不需費多少功夫就能做到。如果你看上去閃爍其詞，不願直言，或者說一套做一套的，人們也會覺得沒必要和你好好合作。同樣地，如果你抓住別人的弱點不放，他們就會更加提防你。促使別人真誠相待的關鍵是讓他們明白為什麼你要這麼做。

羅傑・道森和全台首位弟子杜云安老師共同將
「談判」發揚光大!

「懂得『看人』，就能找到契合且相對應的談判結構。」

「逼近的時間臨界點容易讓人們做出妥協，原本在乎的事情，在焦慮情況下會變得無關緊要。」

「談判是一種全面性的感受，不僅是言語內容的表述，甚至連態度、環境、現狀、肢體都應該考慮在內。」

「談判的流程邏輯是引導客戶的思維，而非控制，任何人都無法也不能控制任何人。」

「所謂談判心法，就是回到對人性的觀察、挖掘和理解。」

「美國人說話簡潔扼要，如果他們可以用一個或兩個字來描述某件事，就不會花一整個早上的時間來討論。」

Power
Negotiation

第 **7** 章

熟悉多種談判風格

Power Negotiation

1 熟悉不同談判風格

談判場上的每一個人，都可能有自己不同的方式，不可能用一套談判技巧來適應於所有人，所以我們要掌握更多的談判技巧來面對更多人。

在準備過程中，談判者在對自己狀況做全面分析的同時，他要設法全面瞭解談判對手的情況。瞭解對手的情況主要包括對手的實力、信用狀況，對手所在國或地區的政策、法規、商務習俗、風土人情以及談判對手的談判人員狀況等等。也就是知己知彼，不打無準備之戰。

孔子：「己所不欲，勿施於人。」這句話的意思其實只有一半正確，你自己不想要，並不代表別人就不需要；你自己不需要別人讚美，不代表別人就不需要讚美；你不喜歡團隊活動，不代表對方就不喜歡團隊活動；你不喜歡應酬，不代表對方就不希望應酬；你對數字沒有概念，不代表對方也對數字不在意。所以在談判的場合，這句話並不適用。我們首先要先瞭解我們的客戶究竟是個什麼樣的人，他的行事風格是怎樣的。

客戶的風格，可以從兩個層面上來分析，一個是他果斷與否這個層面，果斷還是不果斷，積極還是不積極，強勢還是不強勢；第二個是情感的層面，就是這個人是比較以人為主，還是比較以事情本身為

主，一個注重做事的層面，一個注重做人的層面。

對於你的顧客，我們要從兩個方面去瞭解他。做事就看他的果斷面，做人就看他的情感面，從這兩個層面來分析他的談判風格。

行事果斷的客戶其特質如下：

果斷的客戶都想快速地把生意談好。

果斷的客戶下決定的速度非常快，這些人就是要閃電戰、遊擊戰，他們喜歡以最快的速度來解決問題。

果斷的客戶喜歡說服別人，如果你遇到一個果斷的顧客，在某些層面上就要把做決定的權力，交到他的手裡，讓他成為做決定的人。

果斷的顧客，因為做事情很快，所以他的注意力集中在同一件事情上的時間很短。他現在關注的是這件事，如果你沒有把握機會，沒有在這個時間迅速地跟上的話，那可能後面他已經對這件事情不關心了。

我談判的時候，遇過這樣一個客戶。當時我正在講課，課程進行到一半的時候，那位客戶突然提議：「就這樣吧，我們來拍這個片子，立刻找導演來。」當時我們人在華盛頓，他立刻打電話要從洛杉磯調一個導演過來，要立刻拍這個片子。可是當時我們稍微猶豫了一下說：「馬上請導演過來，這麼趕，也不一定能把劇本弄出來，是不是再詳細討論才好。」就因為我們當時沒有立刻跟上，沒有立刻認同他派導演，這件事後來花了一個月，才重新開始進行。為什麼？因為當時客戶覺得他現在就要解決這件事。他都表現得那麼有誠意，要導演立刻放下手邊的工作，從洛杉磯飛到華盛頓，結果我們團隊還在猶豫不決。

客戶心裡就會想：那是不是日後我跟你們做合作，你們都是這樣麼瞻前顧後、沒有行動力？日後我們兩方的配合或是合作，是不是都會是這樣地沒有效率？

像上述例子這類果斷型的人，最怕遇到慢性子的人。所以他乾脆就放棄了，不想再談了。這一談就延遲了將近一個月，後來才把這個計畫重新談回來。所以當你遇到果斷型的客戶，如果對方很果決地立馬就要做出一些決定，你一定要趁他的注意力還集中在這件事上的時候，在他的焦點還在你這裡的時候，立刻就解決這個問題。否則當他的關心度、興頭過了，不在這個焦點上時，那你想再把他拉回來就比較難了。所以，遇到果斷型的人，一定要配合他的節奏，跟上他的速度。

另外，要瞭解你的談判對手是不是感情充沛、重感情的人。科學研究證明：右腦發達的思考者，創造力強，喜歡關心別人。所以當你跟這類型的人談判時，其實關鍵往往不是你們談判結果價格的高低，而是你跟這個人的情感到底有多深。談判最後的結果是由情感的部分來決定，而不一定是以這件事情本身的客觀條件來決定的。

人有兩種，一種是靠左腦思考的人，一種是靠右腦思考的人。右腦屬於比較感性層面，左腦屬於比較理性的層面。所以右腦思考的人，通常比較感性，對人比較關心；左腦思考的人，比較理性，對事比較關心，而且是非分明。所以你要先弄懂你的對手，到底是偏向左腦思考還是右腦思考。

如果你看到一個人，他綁了一條長長的辮子，留兩撇鬍子，他的

這種特徵就直接告訴你，這個人是感性型的，可能是浪漫主義者。如果你今天遇到一個，一身西裝筆挺一絲不苟的打扮，目光炯炯有神，這個人就是理性型的。一個人說話手舞足蹈，臉上溢滿著笑容，這種人就是感性型的。如果你是理性型的人，你是習慣從事情本身，從結果的發展來談事情。其實你只要稍微觀察一下就知道，每個人是不一樣的，判斷是理性型還是感性型的人也不是很難，所以在開始談判前一定要先留心觀察，要先分析對方是哪一類型的人。

其實所有的客戶，都可以劃分為四種風格——第一種風格，果斷又不帶情緒。這種人，我們稱為實際型的人。他很果斷，不會讓情緒影響他的行動。第二種風格，雖然果斷，可是有情緒，有情感，這種人我們稱為外向型的人。第三種風格，不果斷，可是情緒化，這種人我們稱為和善型的人。第四種風格，既不果斷，又不情緒化，這種人我們稱為分析型的人。

 ## 一、實際型

又稱為務實型的人。當你跟他談判的時候，這類型的人很樂意學習，以結果為導向。任何談判，如果最後能帶來什麼結果是他要的，他就談，他就會給出條件；如果結果不是他要的，你即便跟他攀親帶故，他也不會理睬你，這是務實型的人。這種人，做任何事都是分秒必爭，連在高速公路開車時，都要聽學習 CD，而且一邊聽學習有聲書的課程，還一邊聯絡顧客。他很關心事情處理的狀況，所以，他總是在追蹤進度。這個類型的人，經常在談判完之後，半夜兩點，你才

剛剛睡著，就有可能接到他的電話把你叫起來，問你到底結果出來沒有。這種人是個急性子，速度快，講效率。所以你跟這類型的人談判時，你一定要知道他有些什麼特色，有些什麼作風。

一般來說，實際型的人有幾個特徵：

他喜歡過濾電話，他不輕易和一般人談事情，如果你是重要人士、你有重大事情，他才會跟你談。

他跟你談工作的時候，會在很正式的環境，因為大家就是來做事的。

他喜歡的活動形式是，如果這個活動他自己有機會可以親自參與、完全感受，他才會去。所以有不少顧客，他可能喜歡打高爾夫球，他設定目標每次征服 18 洞，他會很清楚地一直朝著目標往前走。要是你經常跟這類顧客，可能是打高爾夫球，一場三個小時下來，就把生意談完了。因為他覺得這很實際，既打球又談了生意，賺了錢。他覺得這真是太棒了。他是個喜歡把每一分一秒都用得淋漓盡致的人。

他們思維嚴謹，也相當的有組織性。只要這是事實，有明確的證據，他就做決定。

 ## 二、外向型

外向型的人很容易受鼓勵，也很愛鼓勵別人。他喜歡開玩笑，喜歡跟大家打成一片。他最怕別人給他一堆無聊的數字，因為他對數字特別沒有概念。這類型的人在看球賽的時候，通常都是那些搖旗吶喊的人。他們很喜歡熱鬧，通常都是那些呼朋引伴的人，任何情況下都

是一群人，而不是只有自己一個人。

外向型的顧客的特點是：

對人友善，態度比較開放，他喜歡跟人打交道。他對每一個人都很溫和，對每一個人都很親切，喜歡和大家打成一片，而且他不怕跟你說不。為什麼不怕跟你說不？因為他覺得我們是好朋友，這個東西我不喜歡，我就要跟你講。他很直接，卻又能兼顧到情感。

他人很不錯，做事情、做決定的時候也很快，可是比較沒有組織性，因為他對數字沒有概念。所以如果我們遇到一個外向型的客戶，你跟他談事情的時候，你要跟他談美好的未來，為他勾畫一片非常美麗的願景，他一想到未來可以怎麼樣，他的感覺就上來了。對外向型的顧客來講，只要感覺對了，一切都對了；感覺沒了，一切就沒了。所以與他交涉時你唯一的工作，就是留住他的感覺。

 ## 三、和善型

又稱為友善型的人。和善型的人，也很喜歡跟別人接觸。他很有耐心，喜歡接觸人，和人聊天，關心周遭所有的人。他聲音不大，很少會有和人起爭執的時候。他喜歡和大家相處，默默支持大家共同的決定。這種人比較害怕別人用很嚴格、很大聲的語氣跟他說話。因為他平常就已經是一個比較內向，或者比較不那麼主動的人。他做事情的時候，可能速度比較慢，所以你不能對他要求太多。他很像是這樣一個人：在烤肉聚會時，默默在一旁烤肉，可以一直烤到聚會結束。他為人熱情，很願意為別人烤肉，為別人提供幫助。所以，你跟這樣

的人談判的時候，你要知道，他想要幫助你。

這類和善型的人，特點是：

如果在原來熟悉的圈子裡面，他覺得很有安全感，也比較容易產生信任感。如果他覺得不安全，他就會比較擔心。

不管對人對事，他都希望發展成比較好的關係。他可能不會自己跑去創業，但是他可以成為公司裡面一個很好的主管，將你所交代的事情都處理好。和善型的人，比較害怕改變現狀，如果你跟這樣的人談生意的話，你要慢慢來，一步一步地讓他信任你。

四、分析型

當你跟他談判的時候，他需要大量很完整的資料和資訊。他就像科學家、會計師、律師一樣，任何東西都要有完備的證據，才來跟你談。他最怕遇到沒有條理的人，最怕遇到沒有組織的人，最怕遇到海闊天空的人、說過就忘的人。分析型的人，最怕遇到外向型的人。因為外向型的人一切跟著感覺走，分析型的人則是一切看著資料辦事，完全是不同類型。他們正好相反，分析型的人什麼細節都會問得很清楚。如果你問分析型的人現在幾點，他可能會問你，你問的是紐約時間，還是北京時間，還是格林威治時間。任何東西他都要弄得清清楚楚。分析型的人不相信不確定的東西，他們只相信設備、相信機器、相信數字、相信證據。

所以你跟分析型的人談判的時候，數字、證據要準備得多一點，你準備得越多，越容易成交；你準備的內容越複雜，他越喜歡。另外，

分析型的人可能很有好奇心，他們喜歡不斷地吸收資訊，永遠覺得吸收的東西還不足以讓他做出足夠的判斷。他很嚴謹，很守時。如果你不小心遲到了，他可是會連你遲到幾分幾秒，從哪個方向走進來，都記得非常清楚。

所以如果我們跟實際型的人談判的話，你要注意到，他很容易分心，他在跟你講這件事情的時候，他可能已經想到下一件事情了。所以你要把握在更短的時間之內，做有效的成交。如果你和外向型的人談判，他很喜歡熱鬧，有時候對人很好，可是做事情速度比較慢，你就要果斷、明快，追著對方趕快做出一個決定。和善型的人優柔寡斷，你要協助他、輔助他，做出更快速度的決定。如果你跟分析型的人談判，他非常專心、非常專注，在任何情況下都不會偏離他所注意的事情，你要更關注地跟他談判，才有可能得到更好的結果。

還是那句重要的話：「人之所欲，施之於人。」有人說我們表現出我們很熱情，但是遇到每個顧客都熱情地擁抱他，這樣好嗎？但是你去擁抱務實型的人，他會接受嗎？他受不了。這樣你還做嗎？務實的客戶立刻手就會用手擋住你，甚至腦中想的是，你擁抱他的角度有70度，還可能誤以為你是想吃豆腐？

所以你的擁抱對誰會有效呢？答案是對外向型的人，他喜歡人跟人之間的接觸，他喜歡那樣的溫暖。對和善型的人也還可以，因為他平常沒有太多的聲音，他喜歡跟大家在一起的感覺。他們往往是在一旁默默地發出電波說「抱我吧。」的那群人，但是他們嘴巴不會說出來，所以對他們也有效。當然擁抱也要看情況，別以為擁抱沒有什麼

大的問題。大家都以為外國人都喜歡擁抱，其實不是，外國人也有務實型的，也有分析型的。所以你還是要先瞭解、判斷一下，他是哪一類型。不是每一種做法，對每個人都適用。

還有，務實型的人花錢的時候，不會感情用事，不會讓感性主導理性，他們之所以願意花錢是因為這個東西可以帶來什麼好處，能為他們達到什麼目的。分析型的人不會用情感買東西。他如果花錢的話，是為了最後那些數字，那些他以為正確的數字。因為他感覺這個數字很正確，證據很清楚，所以他才會購買。

不同類型的談判風格

所以，這四種不同類型的人，在談判中，就容易形成四種不同的談判風格。

第一種叫做實際型的人。他會成為那種拿著劍，在路上跑來跑去，像一個街頭鬥士的人。這種人在任何情況下都風風火火，打仗一定要打到勝利為止，不惜血流成河。他們有鬥牛的個性，就像西班牙的鬥牛一樣。這類人在談判的時候，就像是波斯灣戰爭，最後可能贏得了面子，卻顧不了裡子。他的目的就是對手的失敗，只有別人輸了，他才覺得自己贏。而且實際型的人還有一個致命傷，那就是他在談判的過程中，有時候是看不到其他的地方，他只執著要一項，即使妥協對他更有利，他也決不讓步。最後他會發現，他雖然拿到了這一項，但損失了其他部分。他可能只偏向其中一個，有些地方他沒考慮到，這時你就能利用他沒有考慮到其他的地方，在其他的地方多拿一些好處

或利益；在他在意的地方稍微讓他一下，讓他以為他贏了。

　　第二種是外向型的人。這種人很容易讓人聯想到那種很熱情、拿著廣播器的人。這類型的人很熱心、很容易興奮，有時候看事情只看到與人相關的部分，不一定看到事情的全面，他們往往會忽略對方，不敏感，注意不到談判中出現的問題，所以思慮不太周密。外向型的人目標是影響他人。他覺得讓別人改變主意其樂無窮，他喜歡反駁對方的意見，目的只是想看看自己是否能改變他們的思維。他們喜歡透過激勵對方來達到目的，用刺激讓他們改變主意。這類型的人相信，如果人們情緒激動，就會接受他的意見。

　　第三種是和善型的人。和善型的人在談判的時候，容易成為一個和平使者，他永遠是好好先生，任何東西都希望得到好的結果。只要你好，我好，大家都好。他的哲學是：「如果我們彼此喜歡，我們就能意見一致。」他在談判的時候，是主和派，目標是妥協。他覺得如果他能讓大家都同意某個意見，其他一切都沒有問題。他的目標是最好大家都可以贏，他的重點是最好每個人都高興。其談判的原則是如果他讓步，對方就會有所回報。對待這種人，你就是要讓他明白：你高興，他就高興。

　　第四種是分析型的人。這種人很容易成為一個公司裡的高層主管，喜歡做仲裁，這件事最好由他來決定對還是錯，好還是不好，要這樣辦還是那樣辦。他希望在談判的過程中，可以達到一個仲裁的效果，能夠將所有的證據都拿來分析。他的目標是在談判中獲得訂單，他想讓談判在一個正式的程序中進行，並達成協議。這類型的人根本不在

乎關係，會嚴格根據事實進行談判，所以其在談判方式上過於僵硬。

　　所以，第一種人是實際型的人、是街頭鬥士，他的目標很清楚，就是要獲得勝利；第二種，外向型的人，他的目標就是希望可以讓大家刮目相看，都能注意到他的存在；第三種和善型的人是和平使者，最主要的目標，就是希望可以獲得一個共同的協定，最後能夠大家都好；第四種分析型的人就是科學家型的，他很清楚，任何東西他都要有一個明確的答案，很多東西都要按照規範、按照條例來做，他才能夠接受。

　　請留意你的談判對手是什麼類型的人，並注意自己的談判風格，才能夠達到更好的談判目標，確保你的利潤。

　　大致上來說，不同國家的人有不同的談判風格。中國是世界最大經濟體，最有前景的發展中國家，現在有很多的投資者，從世界各地來到中國經商投資，如此一來，我們更多的商機將來自與國外企業合作，所以我們少不了要跟很多不管是美商、英商、日商等國際公司、國際企業接觸，要跟很多外國人談判，不斷地進行商業往來。而瞭解他們的談判風格、談判特點，也是為了能夠更好地與之溝通，維護自家企業的利益，保持友好的經濟往來。

2 美國人的談判風格

美國人談判風格的特點主要有：

 一、自信心強，自我感覺良好

　　美國人民的自信表現在他們堅持公平合理的原則上。美國人認為買賣兩方進行交易，雙方都要能有利可圖。在這一原則下，我們會提出一個「合理」方案，並認為是十分公平合理的。我們的談判方式是喜歡在雙方接觸的一開始就明確表達自己的立場、觀點，推出自己的方案，以爭取主動。在雙方的洽商中充滿自信，語言明確肯定，計算也科學準確。如果雙方意見或觀點出現分歧，我們只會懷疑對方的分析、計算，但依然堅持自己的看法。

　　美國人的自信，還表現在對本國產品的品質優越、技術先進性毫不掩飾的稱讚上。如果你有十分能力，就要表現出十分來，千萬不要遮掩、謙虛，否則很可能被看做是無能。如果你的產品品質過硬，性能優越，就要讓購買你產品的人一開始就認識到、體會到。那種「好酒沉甕底」、「酒香不怕巷子深」到實踐中才檢驗的想法，對美國人來說是很難理解的。

　　美國人是非常自信的，甚至有時候會給人一種傲慢的感覺，這表現在他們喜歡批評別人，指責別人。當談判不能按照他們的意願進行時，他們都是很直率地批評或抱怨。這是因為，他們往往認為自己做的一切都是合理的，缺少對別人的寬容與理解。

　　站在中立的角度來說，美國人的談判方式往往讓人覺得美國人傲慢、自信。他們說話聲音大、頻率快，辦事講究效率。他們喜歡別人都按照他們的想法、計畫去行事，喜歡以自我為中心。總之，美國人的自信讓他們贏得了許多生意，但是也讓東方人感到他們咄咄逼人、傲慢、自大或粗魯。

二、講究實際，注重利益

　　美國人做生意，往往以獲取經濟利益作為最終目標。所以，他們有時對日本人、中國人在談判中要考慮其他方面的因素，如由政治關係所形成的利益共同體等表示不可理解。他們認為，做買賣要雙方都獲利，不管哪一方提出的方案都要公平合理。所以，美國人對於日本人、中國人習慣注重情誼和看在老朋友的面子上，就可以隨意通融的做法很不適應。

　　美國人做生意時考慮更多的是做生意所能帶來的實際利益，而不是生意人之間的私人交情。所以亞洲國家和拉美國家的人都有這種感覺：美國人談生意就是直接談生意，不注重在洽商中雙方情誼的培養、感情的維繫，而且還力圖把生意和友誼清楚地分開，所以顯得比較公事公辦。但從美國人的角度來看，他們對友誼與生意的看法卻與我們

東方人大相逕庭。一位美國專家指出：美國人都有一種感覺，和中國人談生意，像是到朋友家做客，而不是做生意。與中國人談判，是「客人」與「主人」的談判。中國人掌握著談判日程和議事內容，他們有禮貌，或採取各種暗示、非直接的形式請客人先談，讓客人「亮底」，如談判出現障礙或僵局時，東道主會十分熱情地盛宴招待對方。中國人的地主之誼、客氣和熱情，常使身為「客人」的美方代表為顧全情面而做出慷慨大方的決策。

美國人注重實際利益，還表現在他們一旦簽訂了合約，就非常重視合約的法律性，合約履約率較高。在他們看來，如果簽訂合約後不能履約，那麼就要嚴格按照合約的違約條款支付賠償金和違約金，沒有再協商的餘地。所以，他們也十分注重違約條款的洽談與執行。

 ### 三、熱情坦率，性格外向

美國人屬於性格外向的民族，他們的喜怒哀樂大多透過言行舉止表現出來。在談判中，美國人精力充沛，熱情洋溢，不論在陳述己方觀點，還是表明對對方的立場態度上，都比較直接坦率。如果對方提出的建議他們不能接受，他們也將毫不隱諱地直言相告，甚至唯恐對方誤會了。所以，美國人對日本人和中國人的表達方式就感到非常困擾和困惑。美國人常對中國人在談判中的迂迴曲折、兜圈子感到莫名其妙與不解。對於中國人在談判中用微妙的暗示來提出實質性的要求，美國人更是不習慣。他們常常惋惜，不少美國廠商因不善於品味或洞察中國人的暗示，而白白損失了不少極佳的交易機會。

　　談判中的直率也好，暗示也好，看起來是談判風格的不同，實際上是文化差異的問題。東方人認為直接地拒絕對方，表明自己的要求，會損及對方的面子，僵化彼此關係，像美國人那樣感情外放而直白、直率、激烈的言辭是缺乏修養的展現。同樣，東方人所推崇的謙虛、有耐性、涵養，可能會被美國人認為是虛偽、客套、耍花招。

四、重合約，法律觀念強

　　美國是一個高度法制的國家。美國人的法律意識與中國人的傳統觀念反差較大，這也反映在中美談判人員的洽商中。中國人重視協議的「精神」，而美國人重視協議本身的條文。一遇上矛盾，中國人就喜歡提醒美國夥伴注重協議的精神，而不是按協議的條款辦理。與中國人簽約，本身就是一種「精神的象徵」。

　　在美國，非常注重合約、法律，還表現在他們認為商業合約就是商業合約，朋友歸朋友，兩者不能混為一談的。私交再好，甚至是父子關係，在經濟利益上也是絕對公私分明的。因此，美國人對中國人的傳統觀念——既然是老朋友，就可以理所當然地要對方提供比別人優惠的待遇，出讓更大的利益，表示難以理解。這一點也值得我們認真思考，並在談判中加以注意。

五、注重時間效率

　　在美國的生活節奏比較快。這使得美國人特別重視、珍惜時間，注重效率。所以在商務談判中，美國人常抱怨其他國家的談判對手拖

延，缺乏工作效率；而這些國家的人也埋怨美國人缺乏耐心。

　　在美國人的企業裡，各級部門職責分明，分工具體。因此，談判的資訊收集、決策都比較快速。加之他們個性外向、坦率，所以，美國人的談判特點一般是直接報價以及他們提出的具體條件也比較客觀，甚少有浮報或滲水分的情形。他們也喜歡對方這樣做，幾經磋商後，兩方意見很快趨於一致。如果對方的談判特點與他們不一致或正相反，他們會感困擾與不適應，常常把他們的不滿直接表現出來。在談判中有些高手也就常常利用美國人誇誇其談、準備不夠充分、缺乏必要的耐心的弱點，謀取最大利益。當然，美國人行事作風乾脆俐落，如果談判對手也是這種風格，確實很有工作效率。

　　美國商人重視時間，還表現在做事要一切井然有序，有一定的計畫性。不喜歡事先沒安排妥當的不速之客來訪。與美國人約會，不論是早到或遲到都是不禮貌的。

3 日本人的談判風格

總體來看，和日本人談判要特別留意以下幾點：

非事務性接觸階段

商務談判中，我們美國人習慣於 5 ～ 10 分鐘寒暄後便進入談判主題，而這對日本人來說是不太合適的。在與日本人談判中，高層主管的作用只是禮儀上的，通常他們只會在談判後參加簽署合約。有時，他們也參加早期的非事務性活動，地點選擇在餐廳、高爾夫球場等非正式場所。一位日本高級主管人員關注的話題 98% 與體育、政治和家庭有關，只有 2% 和商業有關。我們發現到和日本高層主管會面溝通或談判時，說什麼內容並不比怎麼說重要。日本高層主管往往會對對方公司的正直、可信、履約能力做整體判斷。另外需要注意以下細節：

名片可以交換也可不交換。當兩方總裁相見時，名片並不需要，但要準備好日文名片以備交換。

帶點小禮物也是非常好的方法，像印有本公司標誌的鉛筆、領帶及其他裝飾品，但像象徵關係惡化的裁紙刀、剪綵刀是不合適的。禮物互換目的只在表達心意，太貴重的禮物反倒不合適。

在歡迎儀式後表達雙方將來真誠合作的願望是必要的，要注意表達必須間接和暗示。如：我們很高興，將來能對貴公司有所支援；我們以自己產品的高品質而自豪，希望能與你們分享；貴公司和我公司很明顯在某些方面有著共同目標。

在日本，一般行政人員的非事務性接觸典型途徑如下：日方談判代表將在某個下午的稍晚時間邀請談判對手和介紹人到日本公司，先在那裡參觀日本公司內部並進行些非事務性閒聊。晚上六點左右，日方負責人將建議吃晚飯，通常由他們選擇餐廳並付款請客，你根本沒有付款的機會，因為你看不到帳單，此時，商業話題仍不適合在餐桌上談。晚飯後，日方將建議到酒吧聊一聊，這樣一直到晚上十一點左右，並安排接下來將會見的日程。經由這段時間的交流，只有一些模糊的雙方合作意向。值得提醒的是：交換名片是必要的，離開辦公室時要記得贈送小禮物。

事務性資訊交流

在表達資訊方面日本人通常都是在經過很長時間說明，才會說出自己的目的。然後會不斷地重複問問題，甚至許多人會問同一個問題，其實這與日本人集體決定有關，所以面對日本對手時，我們要有耐心並準備足夠資訊，但也要適時地控制他們的提問。

在獲得資訊方面，值得慶幸的是，當日方代表在重複問你的問題時，會暴露給你更多的資訊。當你從會談紀要上看到，日本人多次詢問送貨日程，只有兩次詢問服務合約，那就說明他們看重的是送貨時

間。從日方那邊獲得的資訊，需要經過仔細推敲。如果你問日本人有關於對你所提報價的看法時，他們會說：「噢，它看起來很好。」但其實很可能他們內心認為這很糟，要真正瞭解這訊息的真假成份，就需要建立非正式的交流管道，而這種非正式的交流管道須由基層行政人員去完成，這也是談判團裡要有基層行政人員的原因之一。

 ## 讓步和簽約

談判需要雙方共同合作，雙方都要放棄某些利益，共同將蛋糕做大。談判不能僅著眼於眼前問題的解決，而要促進瞭解，為的是追求長期利益。一旦良好關係建立好，一系列問題就都能迎刃而解。

和日本人談判，往往會出現有進展的信號，如更高級的行政人員被邀參加討論，討論的問題專注於某方面，對某些問題的「柔化」，如「讓我們花時間研究一下」。只要抓住這些信號，你就能遊刃有餘。

談判中部分讓步、階段讓步對日本人來說發揮多大作用，他們著眼於整個問題的解決，我們建議一直到所有議題和利益均討論過後再做出讓步，那時，小的讓步有助於關係的建立。在結束討論之前，有三點對我們來說是看不慣的，但對日本人來說是很正常的：(1) 容易打斷一方的談話；(2) 在談判中途，日方人員會自由進入或離開會場；(3) 當你正和一群日本人討論時，發現一個人，很可能是主管、經理級人員，是「閉著眼睛聽」的！

和日本人談判，前期的準備工作顯得尤為重要，如果在前期的非事務性交流中，就要讓雙方的第一印象良好，後面的談判會順利很多。

4 韓國人的談判風格

 ## 一、處處給他們面子

韓國商人懂禮貌、有修養，也很重面子。所以在與他們交往的過程中，無論發生什麼情況，都要注意不能讓他們當場丟面子。不僅如此，在許多場合，你還應恰如其分地讚美他們國家的一些優越之處，諸如經濟發展的迅速、國民生活的富足、社會秩序的穩定等等。而這樣做的結果，往往是事半功倍。

 ## 二、愉快地接受宴請並適當地予以答謝

在韓國經商之餘，韓國商人往往會邀請你共進午餐或是晚餐，這時無論時間多緊，你都應愉快地接受邀請。席間，你還應瞭解到韓國人一般都較愛喝酒，因此和韓國人做生意如果你會喝酒，往往也能加速生意的談成或合約的簽定。當然，宴請之後，你也應在適當的時間予以答謝。答謝的方式，或是設宴，或是贈送小禮物，或是邀請他們打高爾夫球，都是不錯的選擇。

三、耐心化解語言困難

雖說韓國長期以來與美國交往密切，然而他們的英語水準普遍並不高，更別指望能和他們用中文談生意了，加之韓國商人辦事又比較精明和有耐心，因此，商業交往中，翻譯人員就很重要，我們應儘量去克服語言上的障礙。條件許可的話，會談後，雙方還可以回過頭來，覆議一下會談條款，這樣往往也會加速商務會談的成功。

四、發展良好的個人關係

在與韓國商人打交道的過程中，發展良好的個人關係也是一個重要環節。商務交往中，雙方雖說簽訂了合約，但韓國商人看重的不是合約本身，而是合約本身所包含的相互間的良好個人關係。因此，只要我們抓住了他們重友誼的這一點，生意不難做成。

五、正式而有益的名片交換

小小一張名片，在韓國人的眼裡意義卻很大。因為從名片中，他們會得知你的權力以及你所承擔的責任，據此，他們會做出相應的決斷。

六、選擇合適的商務中間人

韓國商人不喜歡別人毛遂自薦，也不喜歡與陌生人打交道。因此，想和他們談生意，第一次接觸時，尋找一位合適的中間人便顯得很有必要。另外，在選擇中間人這一點上也必須慎重，如果這位中間人穩

重、謙和且又深受對方敬重的話，那麼韓國商人往往就會愛屋及烏，與你做生意時，他們便會更有誠意。

七、避免過分地抬高自己

韓國商人有耐心，講信譽，對敏感與細節問題都會考慮良久，並喜歡集體做出決定。因此，在與韓國商人交往的過程中，我們若是過分地抬高與表現自己，沒有給韓方代表足夠的面子的話，往往會弄巧成拙，弄得竹籃子打水一場空。

5 中東人的談判風格

在和中東人打交道時，一定要注意他們之間的宗教差異。尤其需要注意的是，除非他們是來自阿拉伯半島，包括沙烏地阿拉伯、伊拉克、約旦等國家，千萬不要把他們當成阿拉伯人。一般來說埃及人喜歡被稱作阿拉伯人，而伊朗人則喜歡被稱為波斯人。

在和中東人談判時，一定要預先做好心理準備，因為他們可能要花費很多天才會開始和你談。當中東人簽署一項協定時，他們通常會覺得那只是雙方談判的開始，而不是結束。所以中東人喜歡先簽協定，然後再談判。大多數在中東做過生意的美國人都知道這一點，所以他們稱中東人為「協議收集者」。瞭解這點非常重要，因為這就是大多數中東人做事的一貫模式。協議在中東人心目中的位置就像意向書在美國人心目中的位置一樣。

中東人認為房子的一樓是店員和顧客打交道的地方，而店員的地位比商人更低，所以，千萬不要讓你的客戶和你在一樓談生意、或商務談判，那樣他們會感覺自己受到了侮辱。通常情況下，雙方談判的樓層越高，就表示你對他們越重視。

如果對方遲到，或者他們根本沒有前來赴約，千萬不要介意。因為他們對約會的約定並不是十分看重，而且，中東人的時間的觀念並沒有美國人強烈。

6 歐洲人的談判風格

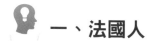 **一、法國人**

　　法國人似乎天生就充滿著人情味。據說，在還沒有和對方成為朋友之前，他們是不會想和對方做大宗生意的。他們非常珍惜人際關係，但絕不會將交際與商務合作聯繫起來。無論是在自己家裡招待客人還是在飯店裡請客，他們都不會把這看做是交易的延伸。

　　法國人的人情味在談判中，所呈現的是大而化之的風格。他們似乎不像德國人那樣細緻謹慎，法國人在談妥大約 50% 的條款時，就會在契約上簽字。不過，昨天才簽的契約，明天他就可能會要求變更。他們的想法是：「既然要點已經談妥了，細節的事以後再說也無妨。反正講一下就行了。」這種行為看來是不守信用，不過根據專家的研究，這也是法國的一種人情味。

　　法國人的人情味還表現在：談判不能只顧著談問題，否則會被嘲笑是個枯燥乏味之人。在最後做決定時可以一本正經，但在其他的時間裡，如果能多和他們聊聊一些關於社會新聞或文化等方面的話題往往更受法國人歡迎。當然這也與法國人的素質有關。有人說：「不知道是聽來的還是看書累積的知識，就是雜貨店或肉販老闆，也會時而

滔滔不絕地談論藝術，一下子又會把話題扯到政治上去，真叫人感到驚訝！」

不過，法國人的人情味也絕不是浪漫無邊的。對於地位不同的人，他的反應可能很不同。尼克森回憶，當他作為副總統訪問法國時，戴高樂的接待是嚴肅而認真的。之後，尼克森當選為總統後，與戴高樂的會談便更多地充滿了隨意親切和無拘無束。法國是「存在主義」的發祥地，對於個人權力還是很重視的，即使在商業談判中，法國人也很注重與個人的關係而且認為，以個人為基礎的關係要比公司的信用重要得多。

除此而外，法國人的談判風格還有三個特點：

1. 他們的立場非常堅定，他們都具有以堅定的「不」字謀取利益的高超本領。

2. 他們對自己的語言有一種很強的優越感，往往要求用法語作為談判的語言。

3. 他們明顯地偏愛橫向式談判。也就是說，他們喜歡先為協議勾畫出一個大致的輪廓，然後再議決原則協定，最後確定協定各個方面。他們把談判的重點放在擬訂一些重要的原則上，而不注重細節。這與美國人的一個問題一個問題地談判的風格正好相反。

 ## 二、英國人

英國人對自己的血統非常地在意，甚至英國人在某一種程度上，

在心理上還一直覺得自己是美國人的哥哥，和美國是兄弟之邦，他們永遠不會忘記，美國人是從英國過去的。英國人普遍比較紳士，他們覺得，他們很有歷史、很有傳統，他們很注重自己的出身。

和英國人談判要留意的是：

1. 英國人非常重視時間，所以你一定要很早就先跟他把時間約好，而且一定要準時出現。

2. 英國人對禮貌的要求比較高，他們唯禮是從。

3. 英國人很重視隱私，跟英國人談事情的時候，一些較私人、較私密的問題，他不會問你，因為他們覺得那些跟公事無關。

4. 他們非常注重階級的區分，因為在英國，他們有女王，還有王室，等級明確而嚴明。

5. 英國人喜歡在安全的情況之下和別人交談。

6. 英國人對美國人有一定的戒心，他們覺得美國人有點油腔滑調，甚至覺得美國人講英文速度太快，因為英國人說話的速度是比較慢的，更紳士，他們喜歡很多東西慢慢來。如果女士跟英國人談判，他還會禮貌地為你拉椅子，為你做些什麼事情，非講究禮儀。因此，你跟英國人談判時，就要注重一些相關的禮貌和禮儀，行事步調要慢一些，要配合他的節奏。

 ## 三、德國人

德國人做事一板一眼，他們會把全部的精神，都投注在交易內容上面，不太在意或理會他跟夥伴之間的關係，或者當時簽約的主客觀

環境。他最在意的東西就是到底這個交易的內容是什麼,而且他們一定要把合約弄得非常詳細。大家不要忘記了,很多車子都從德國出來,像賓士,像BNW,製造這些車子的時候,都有一個非常嚴謹的過程。所以你跟德國人簽約的時候,合約條款一定要弄得非常清楚。跟德國人見面的時候,你的態度一定要很堅定,因為他們不喜歡那些儒弱而沒有擔當的人,他們喜歡勇敢的人。

跟德國人談事情的時候,不要把雙手插在口袋裡面,他會覺得那是你對他的侮辱。與他們接觸時,剛開始他們會比較嚴肅,比較冷漠,不過你跟他相處一段時間之後,可能會變得比較好一點。德國人非常重視頭銜,非常重視職稱,所以當你和德國人談判的時候,如果是董事長,就要稱呼他為董事長,是總理就要稱呼他為總理。美國人不會這樣,美國人都習慣直接叫名字,而德國人則非常注重稱呼。

 ## 四、俄羅斯人

對於俄羅斯人來說,錢幾乎毫無意義,因為即便是有錢,他們也沒有什麼東西可買。

記得前美國總統雷根曾經講過一個笑話,說是有一個俄羅斯人攢了一輩子的錢想買一輛汽車。在從政府那裡領到許可證之後,他拿著錢和許可證來到汽車旁邊,以為馬上就能從政府那裡得到一台屬於自己的汽車了。政府人員告訴他七年之後就可以領到自己的車。

「七年?」

「沒錯,七年之後的今天,你就可以拿到屬於自己的汽車了。」

「上午還是下午？」

「同志啊，這有什麼區別嗎？」

「當然，因為水管工答應我那天要來。」

所以千萬別指望他們會像我們那樣看重利潤。

在談判的過程中，俄羅斯人往往並不害怕在一開始就提出過高的要求。他們希望你對他們表示足夠的尊重。美國人或許覺得傲慢，但俄羅斯人顯然不這麼認為。所以在和俄羅斯人打交道時，不妨多瞭解一下你的談判對手，告訴他們，你對他們的印象是多麼深刻。俄羅斯人有著非常強烈的官僚主義意識，所以他們完全可以告訴你，他們並沒有最終的決定權。這可能會讓你感到十分沮喪。俄羅斯人大都非常善於保護自己，為了免於受到責罰，他們通常會在做出一項決定之前找幾十個人簽字。之所以會出現這種情況，最根本的源頭可以追溯到蘇聯時代，那時候犯錯誤的人常常會受到非常嚴厲的懲罰。

俄羅斯人不會害怕告訴你他們所關心的事情。所以與他們相處請一定要學會接受對方的這種坦誠，而不要把它看成是一件煩人的事情。這時你可以假想自己是在對付一個正處於暴怒狀態的人，不妨先讓他放鬆一下，然後再重新討論一些符合雙方利益的事情。俄羅斯人都以自我為中心，所以他們並不關心是否能達成雙贏的結果。

俄羅斯是一個「高語境」的國家，這點可能是你所沒有想到的。你可能會以為俄羅斯人非常強硬，而且由於他們說話非常直接，所以你可能會覺得他們在做生意時會非常冷酷。但事實並非如此，在那種看似冷酷的談判風格下面，他們還是非常希望和自己的談判對手建立

良好的關係的。這點顯然要比大多數美國人那種表面上的友好更深了一層。但也千萬不要以為你和對方喝了一箱子伏特加，或者是擁抱了幾次，你就已經成功地與對方建立了相互信任的關係。

如果俄羅斯人說什麼事情有些不大方便，他們背後真實的意思是說那根本不可能。這可是我用了很長時間才明白他們的這一特點，而且直到今天，我還是不明白他們為什麼會這樣。我想，這可能是因為翻譯上的問題吧。打個比方，有一次我在莫斯科一家酒店下楊時，我要求服務人員幫我們轉到一間更大的房間裡去。她告訴我：「這可能有些不大方便。」當時我的感覺是有機會能換成功。但她實際上就是在告訴我，那根本不可能。最後我足足和她溝通了 15 分鐘，她才同意把我們轉到一間套房。

在不同的文化觀念、國情等影響下，會形成不同的談判習慣和談判風格。綜上所述，談判對象的不同直接影響了談判策略的制訂，而有針對性的策略來自對對手的瞭解。像是德國人做事很嚴謹，比較缺乏靈活性，不太會做出重大讓步。法國人則十分注重隱私，所以談生意時，要小心避開這些話題。因此針對來自不同文化、背景的談判對象，採行更具針對性的談判策略才是能令談判順利成功的重要保證。

羅傑‧道森與創富總經理杜云安老師
合作國際市場，跟多國商務人士進行
談判。

羅傑‧道森來台演講與出版商會晤並受訪。

Note

「要成為一個談判高手，就別害怕與人對抗。」

「談判時最重要的力量是向對方傳達你有多重選擇。」

「談判者之所以能取得雙贏的談判成果，不單單是因為他們獲得了自己想要的東西，同時也是因為他們關心對方在乎的是什麼。」

「只要每一方都感覺自己贏了，那就是雙贏，就算每一方都暗自覺得對方輸了。」

「談判中遇到衝突應該感到慶幸，因為衝突代表問題浮現，是你能夠施力讓對方成交的要素！」

「談判高手一定要讓對方覺得他是這場談判的贏家。最後，更要記得恭喜對方。」

Power

Negotiation

第 **8** 章

解密無敵談判高手

1 談判高手的六大特質

一、敢發問

　　談判高手絕對是有勇氣去挖掘更多資訊的,他敢於發問。很多人擔心問題太多會讓別人嘲笑他問的問題幼稚或無知,覺得問這個問題會讓自己很丟臉,這是一種認知誤區。因為只要你要敢於承認無知,明確表達你不知道成本,成本進價都不清楚,就能正大光明地請對方再解釋明白一點,這樣一來是不是就能挖掘更多的資訊了呢?所以,一定要當一個挖掘資訊的人。

二、富耐心

　　比其他談判人員更有耐性。談判是一個冗長的過程,對方製造僵局,維持僵局;對方累積資源,拖延時間;對方製造僵局,不肯解決僵局;對方故意拖延時間……如果你一表現出你的著急、你的急不可待,你就處於劣勢,所以你一定要比其他談判人員要更有耐心、更沈得住氣。

三、要有開高的勇氣

什麼叫開高的勇氣呢？很多人不敢把條件開得太高，怕被對方嘲笑，萬一要求太多，擔心對方說你太貪心。但是如果你的條件或報價開得太低，在這場談判中，你就已經把自己置於劣勢了。原則是開口要的，要比真實想要的更多，所以，永遠要用誇大的要求來開始這場談判。

四、傾聽並記錄下來

要養成這個好習慣，聽對方講什麼，仔細地在筆記本上做筆記，把對方講的內容、要求一一記下來，這就是傾聽。

在你記錄下來的內容旁邊可以一併寫下你自己的想法。他講這一部分內容，你先記錄下來，你有什麼想法也記下來；此時不宜打斷對方的話，如果你突然打斷對方，對你不利，因為這樣一來你就無法挖掘更多資訊了。

五、具內在競爭的精神

談判高手有一種競爭的精神、競爭的企圖心，這是內在的，並不是外在表現。內心要有贏的精神，而不是在內心說無所謂，算了吧。談判高手外在是比較沒有那麼強的競爭精神的，但是內在卻是有強烈競爭精神的。外在是親和力，內在是企圖心，表面是無所謂，心裡是一定要拿下所有條件，這叫做內在的競爭精神。

六、不在乎別人是否喜歡你

別想討好所有人，還記得一對父子騎驢的故事嗎？父親騎驢被路人指指點點；換兒子騎驢也被罵；後來父子倆騎在驢上還是被罵。那又怎樣？談判高手是不在乎是否被別人喜歡的。領導人爬得越高，他的鞋底越容易被別人看到。領導往往意味著一個企業的形象，但是最容易被批評的也是領導，所以，要當領導人就不能害怕被批評，就不能害怕被別人當黑臉。談判高手要有堅定的能力，雖然不一定被別人喜歡，但是他達成了他的使命。

以上就是談判高手具備的六大特質。

2 談判高手的五大信念

一、你要相信壓力總是在另外一方

　　你去向人借錢的時候，心裡想的是：我是借錢的人，我是貸款的人，在和銀行談判時就是處於相對劣勢的那一方。但是，請別忘記，銀行其實也是有壓力的，銀行要把錢借出去才會有利息收入，也就是說你有壓力，銀行也有壓力。

　　你在當買方的時候不要認為，他是否願意賣給我，他是否願意便宜點呢？你要想賣方也會有壓力，他也想快一點把產品賣出去，把錢收回來，你覺得他要貨還是要錢？他也許對你說：「我們的東西是不二價，不打折的，你買不買無所謂，我賣不掉也沒關係。」這個時候，你可能就有壓力了。這時，你可以反過來問他：「我可以不買你的東西，但你的倉庫就會積一些存貨，你要守著一堆貨還是要實際收到錢？你的貨放個一年、兩年，放越久就越沒市場優勢，相信最後你還是會降價賣的。」賣方可能會說：「你有錢是你的事，我有貨不怕沒人要，你今天不買，還是會有別人買的。」所以要相信壓力總在另一方，不要老是把壓力放在自己身上，反而要積極製造對方的壓力，你要相信對方也是有壓力的。

二、談判是有規則的，要講究談判規則

我進行許多談判資源大於戰術的強弱分析，分析這麼多戰術的應用，這都屬於談判的規則。

有人說：「道森先生，你能讓買方以更低價買進，讓賣方以更高價賣出。如果買方、賣方都知道談判規則，那麼他們之間的談判誰會贏呢？」就像中國一則大家耳熟能詳的寓言，以子之矛攻子之盾，矛盾相搏，到底矛會贏還是盾會贏呢？答案就是買方守規則，買方就會贏；賣方守規則，賣方就會贏。

談判中，誰對規則越熟悉，誰更能遵守談判規則，誰就會贏得比較多的利潤。誰不遵守這套規則，誰就有可能失去應得的利潤，就是這麼簡單。

遵守這個規則就像遵守交通規則一樣，上路開車有沒有風險？當然有，那為什麼還是有人要開車呢？因為方便，這是工具。萬一出風險怎麼辦？所以，配套措就是：第一，要考駕駛執照；第二，開車開慢一點，勿爭道搶快；第三，遵守交通規則。越遵守規則，風險就降得越低。談判也一樣，你越守規則，就越不容易被對手套出底價，越容易套出別人底價，就越能贏得利潤，越容易讓對方滿意，就越容易實現雙贏，成為贏家。談判是有規則的，守規則才能勝出。

三、拒絕只是談判的開始

談判高手相信，對方開口說 NO，這表示對方已經想跟你談判了，你別以為 NO 就是 NO，代表沒有機會了，其實說 NO 才只是開始的

訊號。當客戶說出：「這個商品也太貴了吧，一點也不實惠！」你就能夠明白對方需要的是平價好用的商品，而非精緻奢華的東西。當客戶說出：「你們公司的規模太小，我怕你們沒有足夠規模的通路行銷。」你就能夠明白客戶需要廣大市場，便能將談判策略調整到符合對方的模式。對方的每一個不滿或是抗拒，都讓你有機會將你想談的內容修正至滿足對方的期待；每一個客戶說：「不行，因為……」，這個跟隨在後的理由，都是讓你更深一步窺知對方需求的精準點與成交關鍵。一個有智慧的談判者不會對此感到恐懼，反而會感到心喜，就是要對方將不滿之處說出來，他才有辦法針對他的需要給予滿足，於是談判就開始了！

 ## 四、裝傻才是聰明人

人們習慣於幫助比較笨的人，和聰明的人競爭。一般人看到你很精明，就想跟你比賽、較勁；他看到你一副精明的樣子，就會對你起防備心；他看到你很精明，就想勝過你。很多人在談判的時候，喜歡故作很精明幹練的樣子，把自己弄得很強大，這是最笨的方法。最笨的方法就是特意去引發對方的防備心，引發對方的競爭心理。你應該把自己裝扮得傻一點，常常問：「不知道，你覺得怎麼樣？」所以這樣就容易消除對方的防備心，也不會被對方壓倒。

 ## 五、就事論事

什麼叫做就事論事呢？談判的時候，你要對對方說，是針對生意，

不是針對個人，是針對條件不好跟你僵持到底，在這個問題上據理力爭，但是我們私下是全心全意很誠心地想幫助你的。朋友歸朋友，生意歸生意，人歸人，事歸事，並不能混為一談這就是談判的本質。

　　如果你在談判中講人情，除非這是一種策略，例如：今天故意輸給他一些，是為了下次贏他多一些，否則的話就得就事論事。

3 雙贏談判的原則

並不是每一場談判都是針鋒相對的。雙贏就是雙方都認為自己贏了，對手輸了，這是最好的結局。

你認為你得到了滿意的價格，比你預期中的賣得更高價，比你心目中的底價更高一點，這樣就更好了。買方他認為他買到比他出的最高價更低一點的價格，這樣就好了。雙方都認為：對方如果再強一點，自己就會輸，這樣就更好了。

雙贏談判的結局一定是雙方都滿意。以下是雙贏談判的原則：

一、不要把焦點放在單一議題上

如果放在單一議題上，針對這一點爭得你死我活的時候，談判就會產生輸贏。也許這一點你讓步，那一點他讓步，就像跳「恰恰舞」一樣，你進一步，他就讓一步，你左腳讓步的時候，你右腳可以往前進一步。不要把焦點放在單一議題上，不是你輸就是我輸，這違背了雙贏的談判規則，所以要增加議題，這也是前文曾經提到的掛鉤策略。

要知道人們不是為同樣的東西而來的，因為買賣雙方的目標不同，有的人就是要柳橙肉榨橙汁，有的人就是只要柳橙皮敷臉，當大家針對一整顆柳橙爭得你死我活的時候，跳出來想一想，最後大家的目標

是什麼？也許大家目標不同，在達成對方的目標的同時，也可以達成了你的目標，這是最好的雙贏。

我們都會陷入一種迷思，認為對方是為了要我們想要的東西而來的，那樣東西對我們重要，對他們也一樣重要。其實這是不一定的。很多人都認為買賣之間價格是首要問題。但真的大家都認為價格是最重要嗎？其實還有其他點買方也很重視，如：產品和服務的品質、是否能如期交貨⋯⋯等。

只有懂得人們在談判中並非想得到同樣的東西的時候，才能有雙贏談判。高超的談判不只是得到你想得到的東西，而且還要關心他人得到他想得到的東西。當你與買方談判的時候，最強烈的想法不應該是：「我從他們那裡得到什麼？」而是：「我怎麼才能在不損害自己利益的同時給他們一些東西？」你給他們想要的東西的時候，他們就會給你你想得到的東西。

二、不要太貪心，想贏走所有的錢

舉一個例子說明，一個人去修車，他對老闆說：「維修價格要便宜一點，托運費你出，若維修修得好一點，再換一個輪胎，修不好你得賠我一個新輪胎。」

修車廠老闆最後火了，他說：「你走，我不幫你修，你的生意我不做了，可以了吧，我寧願不要你這個客人。」為什麼老闆會那麼生氣呢？這是因為那位修車者太貪心了，想贏光所有的錢。

三、談判後還回一些東西到談判桌

要在雙方談判之後，你對對方說一句：「我可以再優惠你把服務年限加長半年，您看怎麼樣？」你可以在談判結束後再加一句：「我想再多送你們一箱的贈品，您覺得怎麼樣？」在結束後再加一句話：「我有要求。」他問有什麼要求。你說：「我是否可以把這個保證書寫清楚，如果我們做不到我們的承諾，我願意賠償你雙倍的交易金額？」

談判大致完成之後，再拿一些東西還回談判桌，也就是說在這個時候承諾多做一點額外的服務，承諾你願意多做一點額外的事情。就像是當你和老闆談完一天八小時薪水多少，一週只上班 5 天之後，再對老闆說：「老闆，其實每週六我可以加班半天，不用加班費；老闆，其實我不一定每天都要準時五點下班的，我可以視工作進度做到晚上八點；當然晚餐錢我自己出也是可以的。」

不經談判而得來的東西，會讓對方更珍惜，對方不經談判而得到的禮物，那才是真正的禮物。

所以，當對方談判後離去時，會對你懷抱著尊敬、感激之情，這才是談判後你最該做的事情。經談判得來的，對手一點都不會覺得感激，因為那是他爭取來的。只有那些不需要談判你就願意給他的，他才會覺得他贏了，他佔便宜了。所以不經談判得到的禮物比談判得來的更有價值。

掌握這一套談判技巧，全盤使用這套談判技巧，在國家與國家中、在商業中、在婚姻中、在朋友之間，用來處理任何的人際關係、商業

關係、買賣關係、團隊利益分配，用來解決任何的衝突，用來解決任何的矛盾，用來化解任何的對立，你的生活將更快樂，會減少很多問題和麻煩。

希望人人都善用這套談判技巧去達成他想達成的目標，去影響別人，幫助別人。這樣就可以避免戰爭，避免流血，避免肢體衝突，避免朋友翻臉，避免夫妻爭吵，避免父子反目，避免所有人間的悲劇。

學好這套談判技巧，創造一個美好的未來。讓我們用這個談判技巧，去解決我們身邊所有人的問題，幫助所有人實現美好的夢想，甚至幫助社會，幫助國家，幫助全世界。

看完這本書的你，想必已功力大增，想要更進一步學習如何做個出色的商務溝通高手，在商場賺大錢嗎？馬上掃描右方的 QR CODE 二維碼，我將助你了解創造財富的關鍵技能，可獲得價值 9 萬元的課程之線上版本，以及創富講座門票一張！

ISE 絕對執行力

麼是TSE？

am：複製團隊　System：打造系統　Execution：強化執行力

什麼上級分配給員工的任務，

終由上級去完成？

什麼員工不能獨立承擔起完成任

的責任？

任的主體為什麼在不停的更換？

會TSE，使你得到擁有羅文精神，

信送給加西亞的優秀員工！

HOT 熱銷

TSE同名暢銷書
全台熱賣中！

亞洲執行力權威
創富夢工場CEO
杜云安 老師

獲得免費試聽課程，請來電客服專線！

址：臺北市中山區南京西路5-1號12F

服專線：0800-583-168

創富夢工場
FORTUNE DREAMWORKS

ACT NOW

愛腦教育顧問股份有限公司

你不能錯過的5大好禮!

立刻索取電子書:

1天收入1,000,000美元的秘密

5步輕鬆月賺10000 的實戰課程

如何用最低成本最短時間把想法變成金錢

如何開始建立你網路生意的客戶

如何使用部落格在網路上收訂單

不可錯過的5項大禮!! 輕鬆組成月入萬元賺錢機器的秘密!

你改變人生的開始就在這一步

在你付費之前
做網路行銷的人
都不想也不敢告訴你的事
都在這 5 大好禮當中

講座/分享會

✔現在正在改變我們生活的十大趨勢
✔如何整年不工作卻能過有品質生活
✔海外不動產投資分享會
✔Fintect 不動產債權互利平台分享會
✔透過電商貿易降低物價指數分享會

了解更多

分享會抵用代碼

兩人同行折**800**元　　一人獨享折**400**元

原價**500**元/人僅收取**100**元訂位費/人

抵用代碼: **actnow2016**

---

facebook 搜尋 愛腦教育 |Q 　　台灣. 新加坡

史上最強出書出版班

出書，是你成為專家的最快捷徑！

★★★ **4大主題** ★★★

企劃 × 寫作 × 出版 × 行銷

一次搞定！

[寫書與出版實務班]
全國最強 4 天培訓班‧保證出書

由采舍國際集團、魔法講盟、王道增智會、新絲路網路書店、華文聯合出版平台等機構達成戰略合作，派出出版界、培訓界、行銷界、網路界最專業的團隊，強強聯手共同打造史上最強出書出版班，**由出版界傳奇締造者、天王級超級暢銷書作家王擎天及多家知名出版社社長，親自傳授您寫書、出書、打造暢銷書佈局人生的不敗秘辛！**

教您如何企劃一本書、如何撰寫一本書、
如何出版一本書、如何行銷一本書。
讓您建立個人品牌，晉升權威人士，
從 Nobody 搖身一變成為 Somebody！

素人變達人！！

時間：2019 年 **8/10、8/11、8/17、10/19**
2020 年、2021 年……**開課日期請上** 新‧絲‧路‧網‧路‧書‧店 *silkbook○com* **官網查詢**

名片已經式微，
出書取代名片才是王道！

《改變人生的首要方
法～出一本書》▶▶▶

新絲路視頻5
**改變人生的
10個方法**
5-1寫一本書

魔法講盟

區塊鏈國際認證講師班

錯過區塊鏈，將錯過一個時代！馬雲說：「區塊鏈對未**來影響超乎想像。**」錯過區塊鏈就好比 20 年前錯過網路！想了解什麼是區塊鏈嗎？想抓住區塊鏈趨勢創富嗎？

　　區塊鏈目前對於各方的人才需求是非常的緊缺，其中包括區塊鏈架構師、區塊鏈應用技術、數字資產產品經理、數字資產投資諮詢顧問等，都是目前區塊鏈市場非常短缺的專業人員。

魔法講盟 特別對接大陸高層和東盟區塊鏈經濟研究院的院長來台授課，**魔法講盟**是唯一在台灣上課就可以取得大陸官方認證的機構，課程結束後您會取得大陸工信部、國際區塊鏈認證單位以及魔法講盟國際授課證照，取得證照後就可以至中國大陸及亞洲各地授課＆接案，並可大幅增強自己的競爭力與人脈圈！

由專家教練主持，
即學・即賺・即領證！
一同賺進區塊鏈新紀元！

課程地點：采舍國際出版集團總部三樓
New Classroom

新北市中和區中山路 2 段 366 巷 10 號 3 樓
(中和華中橋 CostCo 對面)

查詢開課日期及詳細授課資訊・報名
請掃左方 QR Code，或上新絲路官網 silkbook○com 新・絲・路・網・路・書・店 www.silkbook.com 查詢。

亞洲八大名師會台北

保證創業成功 · 智造未來！

王晴天博士主持的亞洲八大名師大會，廣邀夢幻及魔法級導師傾囊相授，助您擺脫代工的微利宿命，在「難銷時代」創造新的商業模式。高CP值的創業創富機密、世界級的講師陣容指導投資理財必勝術，讓你站在巨人肩上借力致富。

個人成長 × **趨勢指引** × **創業巧門** × **整合平台**

誠摯邀想實作實戰、廣結人脈、發展事業、改變人生的您，親臨此盛會！

憑票免費入場 → 活動詳情，請上新絲路官網www.silkbook.com

2020 THE ASIA'S EIGHT SUPER MENTORS

亞洲八大名師高峰會

TARTUP WEEKEND @ TAIPEI
創業培訓高峰會　改變人生的十個方法

連結全球新商機，趨勢創業智富，
開啟未來10年創新創富大門！

- ☐ 6/13 （憑本券 6/13、6/14 兩日課程皆可免費入場）
- ☐ 6/14　推廣特價：19800 元　原價：49800 元

時間 2020 年 6/13、6/14，每日 9:00 ～ 18:00

地點 台北矽谷國際會議中心（新北市新店區北新路三段 223 號 ◎大坪林站）

❶ 憑本票券可直接免費入座 6/13、6/14 兩日核心課程一般席，或加價千元入座 VIP 席，並獲贈貴賓級萬元贈品！

❷ 若 2020 年因故未使用本票券，依然可以持本券於 2021、2022 八大盛會任選一屆使用。

更多詳細資訊請洽 (02) 8245-8318 或
上官網新絲路網路書店 silkbook○com www.silkbook.com 查詢

2019 The Asia's Eight Super Mentors

亞洲八大明師高峰會

入場票券

連結全球新商機，趨勢創富，
BM 商業模式創業智富！

- ☐ 6/22 （憑本券 6/22、6/23 兩日課程皆可免費入場）
- ☐ 6/23　推廣特價：19800 元　原價：49800 元

時間 2019 年 6/22，6/23 每日 9:00 ～ 18:30

地點 台北矽谷國際會議中心
（新北市新店區北新路三段 223 號 ◎大坪林站）

注意事項

❶ 憑本票券可直接免費入座 6/22、6/23 兩日核心課程一般席，或加價千元入座 VIP 席，並獲贈貴賓級萬元贈品！

❷ 若2019年因故未使用本票券，依然可以持本券於2020、2021年的八大盛會任選一屆使用。

silkbook○com
更多詳細資訊請洽
(02)8245-8318或上
官網新絲路網路書店
www.silkbook.com
查詢！

國家圖書館出版品預行編目資料

無敵談判 / 羅傑‧道森, 杜云生 合著. -- 初版. -- 新北
市 : 創見文化出版, 采舍國際有限公司發行, 2016.11
　面 ; 公分-- （成功良品 ; 95）
ISBN 978-986-271-724-0（平裝）

1. 商業談判　　2. 談判策略

490.17　　　　　　　　　　　　　　　105016273

成功良品 95

無敵談判

創見文化 · 智慧的銳眼

出版者／創見文化
作者／羅傑‧道森、杜云生
總策劃／杜云安　　　　　　　主編／蔡靜怡
總編輯／歐綾纖　　　　　　　美術設計／mary

本書採減碳印製流程
並使用優質中性紙
（Acid & Alkali Free）
通過綠色印刷認證，
最符環保要求。

郵撥帳號／50017206 采舍國際有限公司（郵撥購買，請另付一成郵資）
台灣出版中心／新北市中和區中山路2段366巷10號10樓
電話／（02）2248-7896　　　　　傳真／（02）2248-7758
ISBN／978-986-271-724-0
出版日期／2019年6月三版3刷

全球華文市場總代理／采舍國際有限公司
地址／新北市中和區中山路2段366巷10號3樓
電話／（02）8245-8786　　　　　傳真／（02）8245-8718

全系列書系特約展示門市
新絲路網路書店
地址／新北市中和區中山路2段366巷10號10樓
電話／（02）8245-9896
網址／www.silkbook.com

創見文化 facebook https://www.facebook.com/successbooks

本書於兩岸之行銷（營銷）活動悉由采舍國際公司圖書行銷部規畫執行。

線上總代理 ■ 全球華文聯合出版平台 www.book4u.com.tw
主題討論區 ■ http://www.silkbook.com/bookclub　　　● 新絲路讀書會
紙本書平台 ■ http://www.silkbook.com　　　　　　　● 新絲路網路書店
電子書平台 ■ http://www.book4u.com.tw　　　　　　● 華文電子書中心

B 華文自資出版平台　　全球最大的華文自費出版集團
www.book4u.com.tw
elsa@mail.book4u.com.tw　　專業客製化自助出版‧發行通路全國最強！
iris@mail.book4u.com.tw

華文版

Business & You 完整 15 日絕頂課程

從內到外，徹底改變您的一切！

然為背景，
、一個項目、
、一塊兒拼、
一起贏！古
華山論劍》，
《BU齊心論
「齊心」的
互相認識，
份了解，彼
理解，擰成
兒，一條鞭

以《BU藍皮書》
《覺醒時刻》為教材，採用 NLP 科學式激勵法，激發潛意識與左右腦併用，BU 獨創的創富成功方程式，可同時完成內在與外在的富足，含章行文內外兼備是也！

以《BU紅皮書》與《BU綠皮書》兩大經典為本，保證教會您成功創業、財務自由之外，也將提升您的人生境界，達到真正快樂的人生目的。並藉遊戲式教學，讓您了解 DISC 性格密碼，對組建團隊與人脈之開拓能力均可大幅提升。

以《BU黑皮書》超級經典為本，手把手教您眾籌與商業模式之 T&M，輔以無敵談判術，完成系統化的被動收入模式，由 E 與 S 象限，進化到 B 與 I 象限，達到真正的財富自由！

以史上最強的《BU棕皮書》為主軸，教會學員絕對成交的祕密與終極行銷之技巧，並整合了全球行銷大師核心密技與 642 系統之專題研究，堪稱目前地表上最強的行銷培訓課程。

接建初追轉

$$\begin{array}{c|c} E & B \\ \hline S & I \end{array}$$

1日
心論劍班

2日
成功激勵班

3日
快樂創業班

4日OPM
眾籌談判班

5日市場ing
行銷專班

以上 1+2+3+4+5 共 **15** 日 BU 完整課程，
整合全球培訓界主流的二大系統及參加培訓者的三大目的：

成功激勵學 × 落地實戰能力 × 借力高端人脈

建構自己的魚池，讓您徹底了解《借力與整合的秘密》

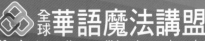

Business & You

15 Days to
Get Everything

★保證有結果的國際級課程★

全球最佳國際級講師培訓課程

企業界、培訓界一致推崇！！

業績暴增，迅速賺大錢的秘訣就是 ＿＿＿ ＆ ＿＿＿

國際級講師	Speaker
兩岸授課	Teaching
提供舞台	Stage
實戰指導	Coach
演說技巧	Technique

★一套證實有效、系統化的全方位賺錢能力訓練系統，
教您用肢體凝聚人心，用聲音引導思維！
用演說展現魅力，發揮無敵影響力！

★手把手把您當成世界級講師來培訓，從 ES 到 BI 象限，
讓您完全脫胎換骨成為一名有內涵的超級演說家。

★保證有各種大、中、小型舞台空間可揮灑！
協助您成為國際級認證講師，以知識領航世界！
輔導您講授 BU 創業，於兩岸各地接課、授課！

以行動傳承理念，引導、影響更多人。

參與 BU，接受魔法講盟國寶級大師的培訓，
你將站上巨人之肩，感受到自己變得更強大！
且讓我們借力互助，共創雙贏，跨界共好！

公眾演說的秘密
The Secret of Public Speaking

成功激勵·專業能力·高端人脈，一箭三鵰的落地課程！
全面啟動贏家 DNA!! ▶ ▶ ▶

課程詳情·報名·開課日期請上 魔法講盟 官網查詢

全球華語魔法講盟
Magic https://www.silkbook.com/magic/

新·絲·路·網·路·書·店
silkbook ○ com

創業創新
NLP激勵
借力人脈
B&U
642
行銷銷售
國際趨勢

B&Y Business & You

★ 保證有結果的國際級課程 ★

15 Days to Get Everything

告別單打獨鬥
組建核心團隊

強強聯手，擁抱夢想非難事

加入B&Y 你就擁有這些

- OPR增大 槓桿倍數
- 家人般的 團隊夥伴
- 讓您借力的 領導核心
- 堅定明確的 目標與願景
- 勇於創新的 突破思維
- 團隊共享的 資源與利潤

★ Business&You完整15天養成班，課程內容豐富且多元，異地複訓，藉「借力」結識高端人脈！

★ 模式化運作的全球菁英642系統，保證讓您脫胎換骨！魔法眾籌可助您短期內財務自由！

★ 與志同道合的夥伴培養出革命情感，凝聚成一股強大的力量，形成堅不可摧的高端核心圈，課後各自輻射狀向外拓展，組建萬人團隊，共創事業巔峰！

★ 路其實是別人走出來的，OPT、OPM……，運用貴人之力，共創雙贏共好！

加入B&U助您找到神一般的隊友，讓更多人為您賣命，打造完美班底，發揮團隊綜效，建構最完整的商業模式。

博恩·崔西
教你一年打造
萬人團隊的秘密

Aaron Huang　Brian Tracy

成功激勵·專業能力·高端人脈·一石三鳥的落地課程！

開啟您高端人生的密碼!! ▶▶▶

課程詳情·報名·開課日期請上 魔法講盟 官網查詢

Magic 全球 華語魔法講盟
https://www.silkbook.com/magic/

新·絲·路·網·路·書·店
silkbook○com

創業創新　NLP激勵
借力人脈　B&U　642　行銷銷售　國際講師

15 Days to Get Everything

★保證有結果的國際級課程★

史上最強、最有效
642行銷培訓營

建立系統，數位實體雙贏！

B&U642，改寫你的財富未來式！

★ 642系統已創造了無數個億萬富翁！
它樸實無華，看似平凡無奇，卻蘊含極大能量！

★ 您的時間有投在對的平台上嗎？
同樣的努力、同樣的時間，創造的價值可能差十萬八千里。
懂得借時代之勢，借平台之勢，個人的力量才會被放大。

★ 一個好平台＋一套自動模式＋全球最佳的導師
100% 複製、系統化經營、團隊深耕，讓有心人都變成戰將！

團隊深耕

系統化經營

100%複製

加入BU642，翻轉你的人生下半場！──

▶ 一年財務自由，兩年財富自由，三年翻轉ESBI 象限賺大錢。

▶ 做一個卓越的A^{+++}領導者，建立一支高效的萬人或千人團隊。

▶ 正統642→幫助你創造自動化賺錢系統，過著有錢有閒的自由人生。

成功激勵・專業能力・高端人脈，一石三鳥的落地課程！
全面啟動財富新磁場 !! ▶ ▶ ▶

創業創新　NLP激勵　國際講堂　&　642行銷銷售　借力人脈

課程詳情・報名・開課日期請上　**魔法講盟**　官網查詢

全球**華語魔法講盟**
Magic https://www.silkbook.com/magic/

新・絲・路・網・路・書・店
silkbook ○ com

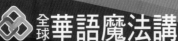

創見文化，智慧的銳眼
www.book4u.com.tw　www.silkbook.com